光尘
LUXOPUS

我所认同者历练我，我所注意者塑造我。

——威廉·詹姆斯《心理学原理》第 1 卷

目录

序　言

早在公元1世纪，古罗马哲学家塞涅卡就说信息太多了。当时流通的书不计其数，以致塞涅卡担心信息泛滥会变成分散注意力的主因。18世纪的德国也面临同样的问题，当时一个严肃的话题就是“图书瘟疫”——图书泛滥成灾。信息随处可见，人们担心这会对人类集中注意力造成极其不良的影响。

从印刷机的发明到今天数字化的兴起，每一种新媒介的出现都会带来相应的问题。关于日益增加的信息对人类专注力造成影响的担忧已不再是一件新鲜事。每次取得新的进步，人类就会害怕可能达到脑容量的极限。虽然直到现在也没有发生过这种情况，但人们越发理解这种担忧。当今社会正在经历翻天覆地的变化。人们在 20 世纪 80 年代和 90 年代用千字节和兆字节谈论信息，而现在是用泽字节和尧字节。由于更高速的网络、更先进的存储方法和更快的计算速度及便携式处理器的出现，信息量与日俱增且逐渐渗入人们的日常生活。谷歌（Google）和脸书（Facebook）可以通过追踪人们的网络行为准确了解其兴趣爱好，这意味着商家将根据人们的喜好推送广告。（我知道谷歌会根据我的浏览记录来推送广告后，每次我偶然点击一个链接时总会感到有点儿恐惧。）

数字化的步伐如此之快，令人难以置信。唾手可得的信息与日俱增，这意味着我们现在处于注意力危机之中。不信的话，看看每周发表文章的数量吧，如此庞大的数量警示我们社会媒体和智能手机正给人们的创造力、生产力和专注力带来灾难性的后果。社会媒体使得人们的注意力分散进而承受压力，因此讲述如何远离数码产品类的图书市场潜力巨大。与此同时，由于沉溺于智能手机造成的交通事故持续增加，沉迷于电子设备而患有睡眠障碍的孩子也越来越多。我在前作《注意力的工作原理》中解释了注意力的基本原理。自此，在采访时或读书见面会上，很多人不断地问我同一个问题：社会日新月异，这会给注意力带来什么影响？这个问题似乎对很多人至关重要。当今社会人们时时刻刻都在经历高度的注意力分散和信息冲击，许多人发现很难集中注意力。

孩子们现在的成长环境与20年前截然不同。青少年是社会媒体等分散注意力物品的主要消费者，他们的大脑还没有完全发育成熟，这种持续且轻微的注意力分散会造成他们错误地使用专注力。这种情况主要发生在他们精神萎靡或无聊时，尤其在智能手机出现后。即使青少年能够静下心专注于学习，信息提示音也会使其注意力再次分散。难怪越来越多的老师抱怨难以吸引和保持学生的注意力。即使教室里不允许学生带手机，老师与智能手机之间的较量依然存在。

智能手机也越来越干扰家庭生活，父母甚至发现很难找到足够的时间陪伴孩子。手机一响，父母便会丢下与孩子们一起搭建的积木去接电话，而回来后再重新静下心来陪孩子玩要花费很长时间。有时候电话、消息太多以致无法再陪孩子玩耍，同事发来的信息要么会破坏亲子沟通的气氛，要么会迫使父母去工作。

当然，并非各类图书及媒体中描绘的场景都是准确无误的。现在错误信息满天飞，我们决不能相信我们都将经历“数码痴呆”（过分依赖电子产品导致的记忆力衰退），也不能相信人类智力水平最终会骤降，然而仍不能掉以轻心。多任务的趋势和面对无穷无尽的信息意味着我们当中很多人很难集中注意力，但也有好消息：数字社会的兴起促进了另一种发展，即人类行为和大脑方面相关知识的发展。我们对注意力运行机制的了解越来越多，这有助于我们找到运用注意力的最佳方法。面对源源不断的信息，我们需要采取措施，解决方法就在我们手中——要做出正确的选择。

话虽如此，避免陷入注意力危机并不是简单的事。我将会在本书中明确区分信息发出者和接收者。若想保持专注，发出或接收信息双方都需做出调整。所有人每天都既是信息发出者也是信息接收者。若必须做演讲或做视频，此时你就是信息的发出者，当听讲座或者读一本书时，你就是信息的接收者。一方面，信息发出者必须尽量通过一种便于接收者集中注意力的方式传递信息来保持接收者的注意力。另一方面，信息接收者必须明智地使用他们的专注力以避免自己注意力分散。这不仅需要合理地设计工作、学习空间，也需要接收者竭尽所能地训练专注力并保持大脑清醒。幸运的是，科学并不缺乏解决方案，而我也将不遗余力地向读者解释这些解决方案。

注意力危机

你可能已经注意到越来越多的公司开始使用这类标语："专注力让一切更美丽"（宜家家居）；"我们愿意更加关注客户"（维熙眼镜）；"我们密切关注你的未来"（荷兰全球保险公司）。大量商业广告以专注力为主题，商人和广告商已充分认识到专注力在当今市场的重要性。他们不遗余力地吸引消费者的注意力来宣传自己的品牌。

与宜家家居说法不同，专注力不会让一切都更加美丽，但会确保大脑从持续无限的信息中挑选某些数据，专注力的作用相当于过滤器。大脑只充分处理那些成功通过过滤器的信息，而忽略其他信息。我们所知的一切取决于自己的关注点在哪里。大脑必须对极其复杂的世界快速做出反应，这就需要我们不断做出决定。谁在十字路口有优先通行权呢？我应该对手机上的信息注意多少？我们做出决定的速度通常表明我们没有时间进行充分考虑再做出决定。冲动消费和自发式的情绪爆发就是很好的例子。在这些情况中，我们的决定取决于自己最初的反应。我们在做决定时会利用自己对世界的认知，这种认知以过去我们关注的事情为基础。专注力对做出的每一个决定都起着至关重要的作用。

注意力经济

注意力是一种有价值的商品。在任何时候我们可以支配的注意力都是有限的，所以需要谨慎使用。过去几年间关于注意力经济兴起的书籍不断出版，主题就是人们珍贵的注意力。吴修铭在《注意力商人》一书中描绘了注意力经济如何在新闻界初露头角。我们在读报纸时会有意地关注报纸发行商，纽约的《太阳报》最先抓住了这一点。报纸在1833年是奢侈品，售价高于成本价，精英阶层是主要目标客户。《太阳报》的发行商决定另辟蹊径，即把读者的有意注意力卖给报纸广告商。他们最终以竞争对手1/6的价格售卖报纸，广告版面的收入是其主要来源。《太阳报》这一措施大获成功，不到一年就成为纽约最畅销的报纸。

每个广告商的梦想是拥有庞大固定的客户群体，他们每天都花费大部分注意力阅读报纸。广告商通过对目标群体的了解来调整信息以满足该群体的具体需求。当代媒体业的基础是售卖注意力。像脸书、谷歌这些与人们联系密切的公司，广告是它们最重要的收入来源。这些公司所提供的服务乍一看似乎是免费的，但事实上人们的注意力是其价格的主要构成。

广告商了解所有吸引人们注意力的规则和技巧，他们设计的广告变得更加引人注目，因为挖掘、利用了人们的基本情感。他们用夺人眼球的照片吸引人们的注意力，有关灾难的文章往往是新闻网站上最受关注的栏目。一场比以往更加激烈的战争正在为争夺人们的注意力而展开。广告商准确地知道如何分散人们的注意力。想观看视频网站上的视频？你得首先看完30秒的广告。想跳过广告？点击屏幕上的关闭按钮时会弹出一个窗口，这样又吸引了人们珍贵的注意力。

最初设计点赞按钮是为了增加社会媒体的积极性，而如今这已变成了解用户的另一种途径，广告推送可以通过这种途径变得更加智能。你想知道自己的点赞是否得到认同就要重新浏览网页。大脑享受这个过程，并把这个过程当作一种短期奖励。

媒体关注度

注意力经济在很大程度上决定了媒体传播信息的方式。纵观历史，人们对形形色色媒体的关注程度已经发生了重大变化，这种变化对人们的注意力习惯产生了巨大的影响。1920年前后，听收音机被认为是家庭事务，所以当时的人们认为电台不应该插播广告。若出现广告，人们会坚决抵制，这就导致当时的电台在某种程度上是零广告。

后来，人们对电台插播广告的态度开始发生变化，这在一定程度上得益于收音机的日益普及。收音机（以及后来的电视机）很快成为传播商业信息的绝佳媒体。当时仅有少数几个频道，这意味着某些广播公司的影响力巨大。受欢迎的节目因其关注度猛增而家喻户晓：当时人们的选择余地很小，而且遥控器还未问世。数以百万计的听众仅收听这几个节目，仅关注某家电视台（广播公司），所以这些节目或电台获得了极高的关注度。人们沉迷于收音机和电视机，忠实地关注这些节目。随着遥控器的发明，这种情况发生了变化。遥控器使得人们可以不用知道播放的节目就可以换台，所以人们不再只关注某一个电视节目，对某一个节目高度关注的现象不复存在。现在我们看电视时随时准备换台，也就是说，精力不集中，注意力涣散，人们用遥控器快速变换频道以连续地寻找新信息。

我们最终看哪个频道是由冲动决定的。我们不会有意地对某一条消息特别上心，相反地，我们似乎是出自本能地来回变换频道。节目制作方已调整方案去适应这种行为习惯。现在看以前的电视节目会感到情节发展非常缓慢，这是因为过去的电视节目没有悬在头顶的达摩克利斯之剑——遥控器。脸书新闻推送的广告亦是如此，这些广告用吸引人注意力的小窗口进行自动播放。

同样的现象也发生在音乐界。音乐平台上有几万首歌曲，所以一首歌的前30秒至关重要。因此很多歌曲的副歌部分会提早出现，基本没有前奏，以防听众失去耐心。否则，听众可能会立刻切换为其他歌曲，选择吸引他们注意力的部分，然后长时间投入他们珍贵的有意注意力。相比外部世界随机出现的信息，相对长期地关注某事会花费人们更大的精力。简言之，注意力经济确保高速传播信息。

注意力与技术

技术的蓬勃发展和信息的大量增加都使得注意力争夺之战日益激烈，伴随而来的刺激因素通常会把人们的注意力从真正想做的事情上转移开。我在图书馆写这本书时，发现诸多学生并不是专注于学习，而是全神贯注地刷脸书、推特等社交软件。他们骑车去图书馆时在想什么？难道他们不应该致力于写极其重要的论文或阅读课文吗？或许手机提示回复朋友的新消息会分散他们的注意力，使得他们只关注社交媒体，不再专注于论文。在这种情况下，要摆脱智能手机，再次专心致志地工作会花费很大精力。

在当前的注意力危机中，手机负有很大责任。美国手机订购量在1985—2010年间剧增，从34万台增长到3.03亿台。最初设计手机仅是为了接打电话，而现在手机变成导致人们注意力急剧下降的主要因素。虽然打电话时可以环顾四周，但人们鲜少能够理解周边环境真正发生了什么，只是消耗了注意力。

这一点早已被诸多实验证明，但一组来自西华盛顿大学的科学家决定在校园里再进一步验证这个理论，看看手机对人们日常生活的影响到底有多大。该组科学家步行穿过校园广场时观察了350名毫无戒备心的测试对象，并根据测试对象正在做的事情把他们进行分类：与他人同行、煲电话粥、独自一人边走边听音乐或只是默默地走。科学家从著名的“看不见的黑猩猩实验”获得灵感，因此在广场安排小丑表演骑独轮脚踏车。

那些边听音乐边独自行走或只是默默行走的测试对象中，有1/3的人看到了小丑独轮车表演，而与他人同行的测试对象中将近60%的人看到了小丑，正在煲电话粥的测试对象中只有8%的人对小丑还有印象。然后研究人员又问了另外一个问题：“你看到骑独轮脚踏车的小丑了吗？”71%与他人同行的人经过提示能记起小丑；61%独自边走边听音乐的人和51%独自行走的人可以记起小丑，这些数据相对较高；仅有25%煲电话粥的人可以回忆起骑独轮脚踏车的小丑，该数据相对较低。除此之外，研究人员也分析了测试对象的走路方式。煲电话粥的测试对象走路较慢并更频繁地改变方向，许多其他研究也得出相同的结果。比如，一项有500多名测试对象的现场研究表明，看手机过马路的行人比那些不看手机的行人行走速度慢，而且很少环顾四周。

这些研究表明用手机打电话会导致情景意识弱化。美国进行了一项广泛研究，主要调查与行人相关的交通事故原因。该研究表明使用手机成为导致交通事故的重要因素，而因行人接打电话造成的交通事故的数量在过去几年间已经翻倍。上述提及的观察研究，以及要求测试对象在带和不带手机的情况下分别到规定道路行走而进行的大量试验研究，皆证实了这些结论。边走边打电话的测试对象会忽视更多身边的事物，而且他们不能注意到沿路引人注意的事物。看起来，边走边打电话时人们既不能全神贯注地欣赏周边环境，也不能专心地进行电话交流。现在人们日益沉迷手机而不注意交通安全，所以手机在交通事故发生数量的增加上难辞其咎。

手机为什么如此吸引人

我们已经见证了手机会给生活带来多么深刻的影响。但手机为什么如此吸引人？我首先要对行为主义科学运动中获得行为的方式进行简要介绍，这或许可以更好地解释人们迷恋手机的原因。行为主义是心理学领域内第一次探寻内省标准方法的运动，该运动的测试对象要提供他们在实验中的感受和经历。比如，内省技巧需要测试对象描述他们听节拍器时经历了什么，测试对象还要辨别出哪些是更欢快的节奏。行为主义者认为这些研究具有主观性，并不可靠，所以他们开始做实验来观察那些可测量的行为。1913年约翰·华生发表了《行为主义者心目中的心理学》（*Psychology as the Behaviorist Views it*）一文，这标志着行为主义学正式诞生。华生在该宣言中指出心理学应主要研究刺激反应关系：人们好像可以对输入信息做出本能反应，这就像轻按开关时灯会亮一样——刺激来自外部世界，进而如机器般自动产生反应，随后的关系通过条件作用而形成反射作用习得。

1890年左右，在进行狗看见食物会产生唾液的实验时，伊万·巴甫洛夫无意中发现了条件作用。巴甫洛夫注意到即使他不带食物走进房间时狗也会产生唾液，狗似乎把他的出现和喂食自动联系起来了。但最开始并不会出现这种情况，随着他和狗见面的次数越多，这种联系就越紧密，最终狗看见巴甫洛夫就像看见食物一样。用行为主义学语言来描述这种情况就是，巴甫洛夫本身首先充当了中性刺激物，随着时间推移进而变成了条件刺激。

人们随后通过借助铃声、用其他物种等方法多次验证巴甫洛夫的发现，但无论测试对象是狗还是人类，其结果与巴甫洛夫发现的结果一致：一旦某物体与某种奖励建立起一种联系，这种关系就很难改变。如欲改变，必须长时间地进行不给奖励的训练。该原理也适用于惩罚。当测试对象看某种颜色时被电击一次或两次，随后即使没有电击，每次看到这种颜色时也会害怕。行为主义学家认为，在这种情景中人没有任何自由意志，只能对周围环境做出本能反应。

奖励会带来上瘾效应。当笼子里的老鼠发现一按按钮就会有食物时，它们会无休止地按动按钮。奖励也会带来教育效应，人们通常会运用此理论培养孩子和教育学生。只要对某一种行为持续地进行奖励，即使偶尔没有奖励，人们也会一直做出该行为。当人们下意识地拿出手机查看是否有新消息或者打开电脑查看是否有邮件时，事实上人们就如上述笼子里的老鼠一样对某些事情已产生条件反射。停止正在做的事情以查看新消息，在大多数情况下，我们就是在寻求一种奖励。不论是有人想念你而给你发的问候简讯，还是有人想和你分享有趣的猫咪视频，抑或是有人给你发送一封工作邮件，接收到这些消息本身就是一种奖励。每天都有新信息，这多令人兴奋！

人们因此会把手机和电脑接收到的信息与获得奖励的可能性联系起来。这种联系是因为之前收到的信息让人愉悦

（比如收到他人的问候短信），这种感觉就像获得奖励一样。笼中的老鼠把按铃和食物联系在一起，而人们把社会媒体和奖励联系起来，比如把收到朋友的信息和朋友对你的喜欢联系在一起。就像笼中鼠反复按铃一样，即使没有理由去做某件事情，人们也会反复地去做。这种行为已经让人上瘾且会一直存在，所以不需要每次都去验证。但是邮件和社会媒体并不总是带来奖励，这很好地解释了奖励易变的原因。奖励程度和奖励频率都会发生变化。了解、解除联系（该过程叫作行为消失）都要花费很长时间。若能知道何时可以获得奖励，人们就会在那时拿出手机查看信息。不幸的是，无法预测奖励信息出现的时间。

该原理同样适用于电子邮件。过去给人寄信需要大费周章（需要纸张、钢笔、邮票、邮筒等），现在与过去不同，发电子邮件操作简单、随时随地，所以总是有数不清的电邮。现在人们只要产生一个想法，就可以随时打字并发送电子邮件。传统邮件通常一天只发送一次，但电子邮件可以在任何时刻接收。人们通常会抱着碰碰运气的想法频繁地查看电子邮箱，以确认是否收到了有趣的新邮件，这样就养成了某种注意力习惯。早上你会在你的信箱里收到传统邮件，但邮件一旦送达，你就知道当天不会再收到任何邮件。因为你不太可能立刻回信，然后带着信飞奔到邮筒。送信需要花费时间，而且通信伙伴也不指望你立刻回复。

医疗保健中的注意力

医疗保健领域越来越意识到注意力是一种珍贵稀少的商品。而如今医疗保健协议中日益流行的一个术语是“注意力时间”，指在病人接受所需治疗后预留一定的时间与其进行交谈的行为。现在家庭护理人员通常配有记录他们陪伴病人时间长短的检查单。比如，20分钟的洗漱和穿衣以及随后进行5分钟的交流。

给病人提供非医学照顾，这是构成看护照顾的基础，还是利用富裕时间做的额外之事，目前医疗保健部门对此争论不断。有人认为只有医务人员全身心投入必需的医疗保健服务，人们才能负担得起医疗保健费用。病人所需的其他所有的关注被认为是家庭的责任，或是时间富裕情况下提供的额外服务。例如，鉴于荷兰对老人看护拨款日益减少的事实，不能单纯地把老年人需要照顾的需求当作公共事件。相反，家庭需要承担起照顾老人的责任。医务人员之前很少有时间或根本没时间为老人提供他们所培训过的、最基础的医疗保健。若家庭可以照顾老人，医务人员能更全身心地为老人提供医疗保健服务。

然而最近在科学界出现了一种不同的观点。良好的医疗保健绝不仅仅是按照专业治疗所需的正确方法操作后，只是跟患者闲聊几句未来的天气。与治疗同等重要的是，医务人员能真正听取患者的心声。患者现在充分意识到医务人员的注意力是非常珍贵的商品，是无法轻易得到的。这就是为何要给医学院的学生强调，为病人提供非医学照顾非常重要，这种照顾太匮乏、太珍贵了。

人们似乎很擅长判断，尤其在脆弱时，是否得到了心中期盼的关注变得尤为重要。特别是当人们知道不能把消耗他人的注意力视作理所当然时，人们会花费大量的时间弄清楚交流对象是否给予自己足够的关注。就诊时，尤其遇到复杂病例，医生一直盯着电脑屏幕，这也许是为了集中注意力以做出正确的诊断，但人们依然会认为医生这样做是态度冷漠。有研究表明，只有正确的诊断并不足以让病人对其接受的服务感到满意，病人也想让医生倾听其心声。因此，关注是良好医疗保健至关重要的一方面。

日新月异的变化

1998年，弗兰斯·布罗米特拍摄了一部纪录片，拍摄完成20年后，该影片的一个片段在荷兰网络走红。该片段记录了大街上形形色色的人在被问到是否有手机时的反应。大多数人回答“没有”，当时很多人都禁不住微微一笑或哈哈大笑。“我需要手机吗？家里有电话。”“我可不想有人整日给我打电话。”“想想就可怕，当你骑自行车时人们也可以给你打电话。”后来的世界发生了翻天覆地的变化，现在不管你走到哪里都可以看到人们一直盯着智能手机屏幕，不管在等火车还是在等交通灯变绿，人们都离不开手机。如今阿姆斯特丹的有轨电车比过去安静多了，过去的年轻人在车上喜欢大声交谈，但现在的年轻人习惯于安安静静地坐下来盯着智能手机。大部分人晚上睡觉前做的最后一件事和早上做的第一件事就是浏览社交媒体。

布罗米特的纪录片拍摄于20多年前。虽然年代不算久远，但可以很好地提醒人们：移动电话和社交媒体是最近才发明的，人们正在努力地适应它们。过去几十年，人们每天遇到的新信息显著增加。科学家已经估算出2011年美国人每天接触到的信息比1986年增加了5倍，这相当于每人每天阅读175份报纸的数据。与阿波罗太空任务的指挥中心相比，人们随身携带的手机甚至拥有更强大的信息处理能力。新信息的获得越来越容易，这意味着人们现在必须不断地做出更多抉择，到底选取或忽略哪些信息，然后坚持所做的选择以专心于某些信息。

本书将“专注”定义为能够在一段时间内保持注意力集中于特定任务的行为。通过阅读本书，不仅可以收获提高专注力的实用建议，还将了解注意力如何在头脑中运行，以及有关该话题的最新科研成果。其中，了解注意力如何有效运行是提高专注力的最佳方法。提高专注力的第一步是要认识到注意力的价值，并意识到在当今忙忙碌碌的世界里，注意力不能被视为唾手可得的事情。

注意力用处多多，但所有信息都会分散人们的注意力并影响到人们的专注力，所以在需要高度集中注意力的时候，你最好选择更好的周围环境，以确保将环境干扰和分散注意力的影响降到最低。人们可能会把手机接收到的所有提示与潜在的奖励联系起来，但要记住随着时间推移，所有的条件关系都会消失。你所能做的就是改变手机设置以确保不再收到社交媒体的提示消息。刚开始你可能需要时间来适应变化，但结果一定会让你获益匪浅。你可以关掉电脑提示消息，确保周围没有分散注意力的事物，这样工作时注意力涣散的情况会减少。

第一章

人的注意力为何难以集中

当我准备出门时，总是把钥匙放在一眼就能看到的地方，这样我就不会因为忘拿钥匙而把自己锁在门外了。当我有信要寄时，通常会把它放在显眼的地方，这样我拎包准备上班时不会忘记带它。我没有随身带手帕的习惯，但像许多人一样，我也有“打结记事”的习惯来提醒我要做的事，否则我很可能会忘记。我们经常借助外部世界来存储信息。比如餐厅服务员可以利用“外部记忆”存储复杂的饮料订单，只要来了订单，他就把相应的杯子放在吧台后面，这样他不必将这些信息存储在自己的内部记忆就可以想起他需要倒什么饮料，也保证他接受新订单时不会忘记前面的单子。

借助外部世界存储信息的好处在于，这样我们就不必给大脑的“内部记忆”增加负担。我们使用外部记忆库保存我们需要记住的大部分信息。我们在记事本中记下预约活动，写下待办事项清单，并在家里留下记号提醒自己别忘事。现在大多数人能记住的电话号码不超过两个，因为他们所有的重要号码都（相对）安全地存储在智能手机中。事实上，多数情况下我们更愿意依靠我们的外部记忆，而非内部记忆，因为内部记忆更耗神，容量也有限，而且往往并不可靠。

我们的记忆不局限于大脑，这一观点代表了一种相对较新的研究方法，用以理解像记忆这样的认知功能。传统上来讲，实验心理学只关注大脑“内部”过程（坚信自己的大脑）。而由于认知科学中新学派——具身认知的发展，我们发现实验心理学在认知功能方面的观点有很大局限。具身认知理论认为，由于我们的身体与外部环境有千丝万缕的联系，我们不能脱离身体与环境的互动而孤立地去理解认知。

例如，如果我们把一个故事表演出来，我们就可以记住这个故事更多的情节。在一项实验中，不同小组的受试者按要求阅读一个故事，但并不知道随后将要回忆其中的细节。其中第一组被要求只读故事，第二组要对一些与故事相关的问题提供书面回答，第三组需与其他受试者就这些问题进行讨论，第四组被要求表演这个故事。随后所有小组都被要求参加一个与这个故事有关的测试。测试结果显示，表演故事的那一组能够回忆起更多细节，从而证明利用我们的身体可以提高记忆效率。这也解释了为什么记笔记能帮助你从课堂中学到更多的东西，就算日后不看笔记仍是如此，毕竟书写是一种身体行为。此外，用笔和纸做笔记也比使用笔记本电脑更有益，因为书写所需的运动技能要比在键盘上打字复杂得多。

工作记忆如何存取信息

信息的短期记忆需要利用我们的工作记忆——大脑中负责执行复杂任务的那部分。工作记忆就如同工作台上放置的工具和材料，你可能有个装满各种工具的工具箱和一间装满材料的工棚，但你只能使用你面前工作台上的工具和材料。你还要最大程度减少工作台上放置的东西，否则你将无法高效地开展工作。因此，对工作记忆存取的信息加以选择非常重要。工作记忆对注意力的集中至关重要，因为工作记忆要在特定的时间内完成特定的任务。因此，帮助我们提高注意力的关键在于了解工作记忆的运行方式。首先，我将讨论工作记忆的基本运行情况，然后再提供一些具体建议。

大致说来，工作记忆存取信息的路径有两种：外部世界（通过你的感官）和内部世界（当你想起某事）。然而，并非所有通过感官从外部世界中获取的信息都会被工作记忆提取。这是一件好事，否则你所感知到的一切都会在你的工作记忆里占有一席之地。你会发现需要处理的信息如此之多，以至于你无法思考从外部世界获取的信息之外的东西。为防止此类情况发生，我们会选取最重要的信息，并将注意力集中在这些信息上。注意力是我们工作记忆的大门：只有我们关注的信息才能被工作记忆提取（如图 1-1 所示）。

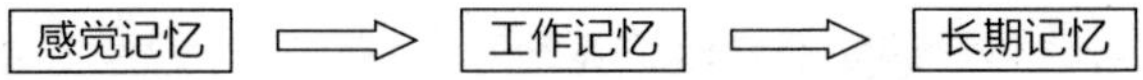

图1-1

感官从外部世界获取的信息首先进入“感觉记忆”，该信息中只有一小部分最终转化为工作记忆。当与视觉系统相关联时，感觉记忆也被称为图像记忆，而图像记忆是一种非常短暂的记忆，该记忆在数毫秒内创造和维持外部世界的详细图像。图像记忆如同投影到视网膜图像的缓冲器。听觉信息，就是指人们所说的回声记忆，它记载着你刚刚听到的声音的回声。人们不能直接访问感觉记忆，因而它是人类记忆系统中最吸引人的部分，但是人们有可能捕捉到图像记忆的瞬间美丽。若在漆黑一片的屋子里点燃一根烟花棒并挥舞，它会在停留过的地方留下一种状似尾巴的后像。如果黑暗中除烟花棒以外人们看不到任何东西，后像实际上是没有被新信息复写的图像记忆的内容。当然，即使在夜晚人们也经常处在灯火通明的环境中，这意味着图像记忆正在不断地被复写，因此后像很少出现。

1960 年，认知心理学家乔治·斯佩林对这种维持视觉信息的初级且短暂的记忆系统的容量进行研究。测试对象在 50 毫秒内观看屏幕上的若干字母（如图 1-2 所示），然后回答看到了多少字母。由于字母显示时间极短，测试对象最多只能识别 4—5 个字母。斯佩林想出了一个办法帮助他们识别更多字母，他指导他们再次观看字母，并收听在字母消失后立刻播放的音调。听到高音调时测试对象要注意最上面一行的

X F T I
C Q Z P
N M W A

图 1-2

字母，听到正常音调时要注意中间一行的字母，听到低音调时要集中精力到最下面一行的字母。这意味着测试对象能够在图像记忆中专注于特定一行的字母。一定要记得字母会在音调响起之前消失，测试对象此时要从他们的记忆中搜索相关信息。这种做法居然有效，真是意外之喜！在图像记忆中，当测试对象专心于特定一行时，他们每一行都能回忆起 3 个字母，这表明他们能找到了某种方法访问图像记忆系统。这一点说明图像记忆的容量远大于工作记忆的容量，但人们访问前者的方法有限。测试中，显示字母后必须立刻播放音调，如果间隔一秒，不论是否播放音调，测试对象都不再记得展示的信息，也无法提高他们的测试水平。

大多数人会认为“记忆”与很久之前发生的事情相关，但实际上某一个感官接收信息后，记忆就会立刻产生。没人知道感觉记忆的确切目的，一些科学家认为，感觉记忆使人们可以对世界产生第一印象，而无须知道所有细节。但问题是，现在只能采用斯佩林提出的相当怪异的方法去研究感觉记忆。

我们明确知晓的是，注意力确保了感官记忆中的部分信息最终会转化为工作记忆。大脑在收集相关信息时就开始思考、计算信息。你能关注多久，这部分工作记忆就能持续多久。

人们能够收集信息并将其长期存储在工作记忆中。长期记忆是所有这些信息的集合名词。虽然很难准确地说出长期记忆的存储容量到底有多大，但与工作记忆不同，从某种程度上说，长期记忆的容量是无穷无尽的。

长期记忆包含我们过去所有的个人记忆和一生所学的知识。工作记忆信息如能长时间保持活跃，就可以转化为长期记忆。比如，在工作记忆中，长时间记住一组电话号码（通过重复或经常想这些数字）可以将其转化为长期记忆。然而长期记忆的奇怪之处在于，人们无法保证自己是否已成功地把信息转化为长期记忆。有时即使你对某些信息有印象，却不能通过长期记忆访问该信息。只有发出正确的指令，人们才能检索到信息。无正确的指令，人们有时会记不起某个人的名字，这时通常会感到非常沮丧。人们通常会把对应的人和物联系起来以进行信息定位，这有助于激活信息。反过来，某种特定的香水气味就能让你想起某些你认为自己可能已经忘记的东西。相同环境下更易检索该环境中获得的信息，比如备考时在将要举行考试的教室学习会比在其他地方学习更有可能获得较高的分数。回忆起学习知识的地方有助于从长期记忆中检索相关信息。

当你正专心于某项任务时，比如阅读一封邮件，所有与该任务相关的信息都暂时存储在工作记忆中。与此同时，与邮件相关的新信息继续访问工作记忆。然而一些不相关的信息也会访问工作记忆：阅读邮件时屏幕上出现弹窗，此时你的注意力就会自动转移到这个新信息上。突然出现的信息会把其他信息赶出工作记忆，这会对你的专注力造成危害。事实上，你甚至会发现自己完全不能专注，并且也不知道自己到底在做什么。

将信息保留在工作记忆中

你背着打算寄出的信四处奔波多少天了？即使每天上下班都路过邮筒，你依然忘了寄信。出现这种情况是因为没有一遍又一遍地重复该任务，所以你很快就忘了这件事。确保自己一定会去寄信的唯一方法就是不断提醒自己去寄信，进而把这件事情保留在工作记忆中。这种方法虽切实有效，却极其枯燥乏味。为了寄信你必须心无旁骛，其他想法或吸引你注意力的外部事物都可能占用你的工作记忆，让你忘掉寄信这件事，而且不知道什么时候才能再想起来。糟糕的是，你无法避免这种情况的发生，因为你不可能提前知道一天里会发生什么事，也不可能知道会与谁偶遇。

想象一下你在做快速计算。对大多数人来说，给出类似 15×13 的答案并不是一件难事。我们只是切分成几个步骤：首先分别计算出 10×13 和 5×13，然后把二者相加。然而面对更复杂的计算就会出现问题，工作记忆在任何时候都仅能保留一定数量的信息，所以大部分人会发现很难甚至无法只用工作记忆就计算出 323×144 的结果。人们把此刻占用工作记忆的每条信息称为一个“条目”。虽然必须指出记住两个条目比记住一个条目更加困难，但工作记忆一般可保留大约 6 个这样的条目。这就是为什么计算出 323×144 的结果对大部分人来说都是困难的，如果你还采用解决上面简单问题的方法，你必须同时记得 323×100 和 323×44 的结果。解一道复杂的数学题要多个步骤，而且你必须记住的数字会组成数目庞大的条目。

不同的人能够保留在工作记忆中的信息数量（工作记忆的容量）不尽相同。诸多关于工作记忆功能的研究探究了工作记忆容量不同的测试对象之间存在的差异。这种记忆差异明确表明一个人的其他重要认知功能是如何运行的：工作记忆容量可以预测遭受脑损伤的人参加记忆康复训练项目后的恢复程度、预测精神分裂症患者的语言能力或预测人们长期记住信息的能力。这种关系总是单向的：工作记忆容量越大，人们越能出色地完成诸如解答数学题和进行智商测试等复杂任务。即使一个人尚且年幼，依据工作记忆也可以准确预测出其长大后利用逻辑解决问题的能力。

幸运的是，工作记忆容量可以通过训练得到提高。记忆容量小的人，比如患有多动症或发育迟缓的儿童，可以通过玩记忆游戏提高他们的工作记忆容量，进而使他们在处理与工作记忆相关的更复杂任务时表现更出色。然而，这种提高只在整个团队中才能表现出来，所以这种方法并不适用于所有工作记忆容量小的人。

除了训练记忆力，也可以利用把外部世界当作记忆系统的方法来提高工作记忆容量。在尽力解答复杂的数学等式时，我们可以选择写出不同步骤的答案，这样就不必费心存储信息，在需要时又可以立刻检索到这些信息。这使得我们无需记住之前步骤的情况下解答后面的步骤。当然也可以利用外部工作记忆方法获得答案，即用计算器输入数字得到总和。

把信息存储在工作记忆中需要重复数次才能成功。在

1959年的经典实验中，心理学家劳埃德·彼得森和玛格丽特·彼得森要求测试对象记住诸如CSP（芯片级封装）、WKL（框架梁）、SPR（战略石油储备）等大量字母。这些字母短暂显示后就会从屏幕上消失，此时会响起某种音调，用于提示测试对象说出刚才所见的字母。在这样简单的条件下，字母消失与音调响起的间隔时间长短并不产生任何差别，所有的测试对象都能回忆起字母。然而在复杂条件下的测试结果不同，另一项实验中，在字母消失后会给测试对象展示一个数字，并要求他们用该数字连续地减去数字3，同时努力记住字母。比如，给测试对象展示数字456，然后让他们按上述步骤进行计算得出453、450、447等结果。你很可能已经猜出在这种情况下字母消失与音调响起的间隔时间长短产生巨大差异。减法运算占据了测试对象的工作记忆，因为需要工作记忆进行减法运算，所以计算10秒后，测试对象几乎不能回忆起之前的字母。他们18秒后仅能正确识别5%的字母。如不相信我所说的，就试试边讲故事边解数学等式。这两项任务都要利用每次只能处理一项任务的工作记忆，所以这根本不可能实现。

工作记忆中不断重复信息有助于确保不会遗忘信息，并提高信息转化为长期记忆的可能性。即使是进行相对简单的计算也可以避免因其他信息占据工作记忆容量而造成的记忆永久性缺失。这就是为什么要在注意力需要高度集中的时候，尽量避免一切可能分散注意力的事物，这非常重要。那些在执行任务中不可或缺的信息，你若不想着，瞬间就会消失不见。

工作记忆中可以存储哪类信息

现在做个实验来快速测试一下你的工作记忆。快速浏览下列字母，闭上眼睛，回忆这些字母：U S A N A S A N A T O。并不难，对吗？你甚至可以利用工作记忆记住这 11 个字母！这远远超过上述 6 个条目，但请不要得意忘形，这很可能是你使用了一种众所周知的记忆辅助工具。你可能注意到这 11 个字母由美国（USA）、美国国家航空航天局（NASA）和北大西洋公约组织（NATO）三个首字母缩略词组成。通过把每个字母组合在一起的方法，你就不用记住这 11 个字母而是只需要记起这 3 组字母即可。短语识别就是把单独的字母、数字和图像组合在一起。与试图记住所有独立条目相比，通过这种方式可以在工作记忆中保留更多信息。

这表明即使一条复杂的信息也可以作为一个独立的条目存储在工作记忆中。努力记住电话号码或银行账户都会让你熟悉这些现象。欧洲最近引进了国际银行账户系统，乍一看记住该系统使用的数字并不容易，但你若知道国际银行账户的数字组合方式，记住自己的账户就会容易得多。比如，银行代码里的字母与银行名字直接相关。你当然可以把 18 个独立数字和组成国际银行账户的字母存储到工作记忆中，但通过组合银行代码（比如，银行名字）并把它作为一个单独的条目进行存储，就可以减轻工作记忆负担，免去很多麻烦。

用来提高工作记忆容量的诸多技巧都依赖于信息的有效组合，而信息的有效组合取决于对正在讨论的信息的熟悉程度，这当然因人而异。长跑运动员利用比赛结束时间记忆数字就是一个很好的例子。这使得他的工作记忆容量高达8位数！不幸的是，这种技巧对不熟悉记录比赛时间的人来说作用甚微。

截至目前，所述例子主要关注如何把数字和字符存储到工作记忆中，但我们的大脑里通常还充满了视觉意象或歌曲。为了建立能够存储到大脑里的信息并对此予以关注，首先就要区分工作记忆的不同组成部分。假如每项任务都需要工作记忆中不同部分的注意力，了解这方面的知识能使人明白哪些事可以同时做、哪些事不能。

约克大学讲师艾伦·巴德利是工作记忆研究的主要先驱人物。20世纪50年代巴德利开始研究如何记住邮政编码。那时英国的邮电业正在试图通过在全国普及邮政编码以促进邮政系统的现代化。邮政编码如今仍在英国使用，这要感谢巴德利。根据工作记忆容量大小，每一个邮政编码设计为包含 6 个字母和数字。为了便于人们记忆，巴德利建议每个邮政编码由城镇名中前面的字母组成（比如 BA 代表巴斯城），这部分编码很容易记住。即使弄错邮政编码较难的第二部分，由于上述首字母编码，信件最终也会被送到正确的目的地。邮政编码第二部分由字母和数字组成，且数字放在字母前面以避免与第一部分混淆（例如 BA 27AY）。巴德利的方法大获成功。邮电业做过的一份调查研究表明，92% 的人认为相比记住个人身份号码或结婚纪念日，记住邮政编码更容易。即便个人身份号码或结婚纪念日相比邮政编码所含数字更少，但由于邮政编码信息组合以及字母和数字的有序排列，记住更加容易。美国邮政编码关于位置的唯一信息就是各州名称缩写词，所以该套编码很容易被记住。

完成邮政编码工作后，巴德利完全迷上了记忆这一研究课题，他设计出至今都颇具影响力的工作记忆模型。在该模型中，工作记忆由三部分组成。中央执行系统是其主体部分，负责发起、检查认知过程并犹如船长一样发出指令。中央执行系统可以操纵大脑的语言功能以破译一段文本或指示眼睛要注视哪里。中央执行系统利用工作记忆的两种存储系统：视觉空间模型和语音回路（如图 1-3 所示）。

图 1-3

注：工作记忆，一个中央执行系统，两个存储系统：一个用来存储空间信息（视觉空间模型），一个用来存储听觉和语言信息（语音回路）。

语音回路负责保留诸如声音和口语这样的听觉和语言信息。若有人刚告诉你他的电话号码，你可以通过自己重复号码并反复听取信息把该信息保留在语音回路。（阅读下面几个句子时尽量记住数字1，5，8。）阅读时，该系统也是活跃的，阅读接收的信息转化为无声语言并被存储在语音回路。通过处理存储在大脑语言区域的信息，人们可以理解文本。你读到的每个单词在被处理之前都存储在工作记忆中。（记住这些数字并不容易，对吗？或许你早已彻底忘记这些数字了，或者你根本没有理解最后几句话的意思。）

语音回路也是人们用于思考和推理的内心声音的终点。阅读理解一段文字与思考其他问题无法同时进行，因为这两个过程都需要利用同一能力。这也是为什么你大声说话时难以记住听觉信息或者无法在说出自己名字的同时想起他人名字（亦称发音抑制）。大声说话阻碍听觉信息在语音回路中重复再现，这导致了该信息的缺失。出于同样的原因，人们很难在听一段音乐的同时想起另一首歌的旋律（听音乐和想象音乐都利用了语音回路）。与他人首次见面前，反复重复他的名字，然后再说出自己的姓名，这也是个不错的主意。

语音回路的容量

假如工作记忆中的信息需要不断重复，相比回想简短的单词列表，回忆一长串单词更加困难。

试一下：

列一：聚会、玩笑、狗、散步、黄色

列二：巧合、奶酪汉堡、电话、讲师、美味的、拥堵

你会注意到第一列比第二列容易记。工作记忆在重复较长单词时很可能会漏记某个单词。毕竟，你重复单词的间隔时间越长，你越有可能忘记该单词。语音回路存储单词的容量并不固定，该容量取决于重复单词的频率。

思考和交流都属于语言加工，所以语音回路在日常生活中不可或缺。我们一直在使用语音回路：说话时、阅读时，甚至在自言自语时。生气时，我们通常使用内部语言让自己冷静下来，这样自己就能够抑制冲动和心率。面对一位具有危害社会行为的司机，你的第一反应或许是想骂他，但你内心的声音会阻止你这样做。然而语音回路确实容量有限，这意味着你无法同时想起好几件事，且当有人突然跟你说话时，你想着的事就忘了。

除了语音回路，工作记忆还有另外一个存储系统：视觉空间模型。视觉信息和外部世界地理信息尽数存储于此，想象某些事情时也会利用该系统。比如，当你回想某个人的容貌或你出生时的房间布局时，你会在长期记忆中检索有关信息并保留在视觉空间模型中。若去书架寻找一本红色的图书，你会调动视觉空间模型中的红色，然后周围所有的红色物体会立刻吸引你的注意力。这说明可以利用视觉空间模型的内容来搜索周边环境。如果你的钥匙不见了，视觉空间模型可以帮你回想放置钥匙的地方，这样就可以更加高效地寻找钥匙。当你希望想起钥匙遗落的地点，你会把该位置信息存储在视觉空间模型中，这就像把图钉钉在一张世界地图的某个地方。在放钥匙的地方按上图钉，存储在视觉空间模型中，这样就能想起来钥匙放置的位置。

视觉空间模型中不但可以存储信息，还可以编辑信息。比如，你可以想象一件现实生活中从未见到过的物品，给它涂上颜色或旋转它。以下 4 个编号图哪一个是左边第一个图形的旋转图（如图 1-4 所示）？想要得出答案，你必须利用视觉空间模型对其他图形进行想象中的旋转。若干研究表明，得到答案所花费的时间受所需步骤数量的影响。这意味着你

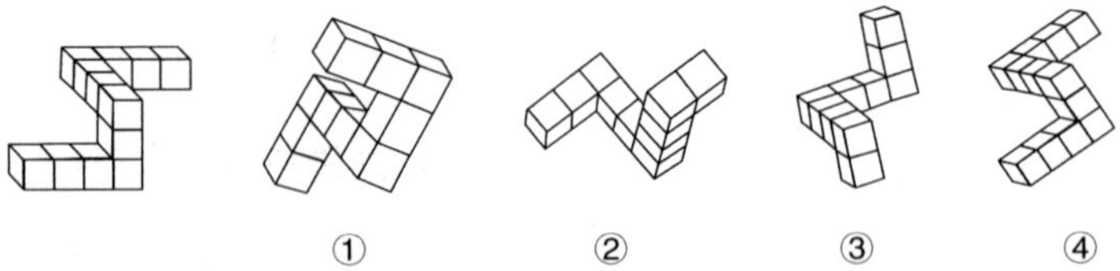

图1–4

在头脑中旋转物体的方式必须跟用实物旋转的方式一致。正确答案是图 4。

研究表明，在心理旋转方面，运动员和音乐家比我们大多数人做得都好。在测试中，他们比其他测试对象反应速度更快、准确率更高。诸如在头脑中旋转物体这类任务，你可以通过自我训练使自己表现得更好。为研究体育锻炼对心理旋转的影响，人们进行了两次实验：测试对象分别在经历体能训练前和体能训练后进行测试。参加最高水平的体育竞赛或音乐盛会，你不仅要预想自己的动作，还要设想竞争对手或老师的动作。这种类型的心理训练使得视觉空间模型更加高效，并提高处理类似心理旋转任务的能力。

经常有人说男性在处理空间问题上比女性做得更好，这是真的，甚至在 3 个月大的男女婴儿之间都存在巨大的差异。在调查该现象时，科学家研究了婴儿盯住屏幕上的某个物体的时长。科学家们指出当婴儿盯着某个物体看得越久，他们就越认为该物体比屏幕上其他物体更有趣。相比女婴，男婴更愿意看旋转的物体，并能更快速地辨认出该旋转体。该结果并不能说明男孩小时候在这方面做得一定会比女孩出色，但表明了婴儿在观察旋转物体方面确实存在差异。这种差异不一定是天生的，可能来自儿童时期男孩和女孩得到的玩具不同，而玩具很有可能会开发孩子们心理旋转的技能，比如需要心理旋转技能的乐高玩具。虽然小积木或其他很多玩具都需要心理旋转能力，但你下次给小女孩买礼物时不妨试试买一个乐高玩具。

人们可以用组合字母成词的方式在视觉空间模型中组合信息。毕竟，可视物体具有各式各样的颜色和形状。在这种情况下你不仅要把每个颜色和形状作为独立条目，也要把复杂图形看作一个整体而当作单独条目。视觉空间模型似乎不怎么费劲就可以记住其中 4 个复杂的图形。利用同样的能力，你可以记住 4 种毫无关联的颜色或形状，或是 4 种具有不同形状和颜色的复杂物体。因此不管物体多么复杂，视觉空间模型都可以记住整个物体。人们的视觉世界在日常生活中主要由复杂图形构成，而不是由简单、无颜色的物体构成，我们进行的诸多实验中也是如此。

注意力在工作记忆中的作用

上述两个存储系统在某种程度上各自独立运行。我们早就知道口语会阻止语言信息在语音回路中的保留，但在头脑中的旋转物体并不会干扰语音回路。心理旋转[①]不是语言任务，因此它对语音回路的处理过程几乎不会造成任何影响。中央执行系统确保在两个存储系统之间均分注意力。

想象一下，你正在开车，车上的乘客在给你指路。这些指令最初以言语信息形式存在，然后转化为路线的视觉形象。此刻你利用了两种存储系统，而工作记忆负责确保两个过程

① 心理旋转是一种认知心理学术语。人在头脑中运用表象对物体进行二维或三维旋转的想象过程。

都配有足够的注意力以便保存所有信息。若在视觉方面花费太多注意力，你最后可能只得说：“稍等一下，你说什么？我刚才没注意听。”那时你可能在语音回路的信息上付出的注意力太少，导致信息丢失。中央执行系统同时确保你会忽略其他所有输入信息。比如，收音机已打开，正播放路况报道等言语信息。中央执行系统充当裁判员，确保你在忽略该信息的同时可以关注你所需要的信息。

能够专注于工作记忆中的某一特定任务对有效集中注意力至关重要。在理论注意力模型中，这种专注力被称为执行性注意，即能够执行某种活动的注意力，个体面对冲突刺激或新异刺激时，有意地抑制无关信息或优势反应的认知加工能力。“认知控制”和“执行功能”等都是用来描述中央执行系统功能的词语，这些词语或多或少都在表达同一含义：集中关注一项任务，在一段时间内关注相关指令，监控并适时调整自己的行为，成功执行该任务。

设想一下，你正在打网球，并且拥有秘密武器——每到关键一分时你就打个短球刚刚过网。第一局时近网低球的效果屡试不爽，你的对手感到措手不及，每次都接不到球。然而第二局时，你的对手了解了你的技巧，并已准备好去接你的短球，结果你在第二局中败北，并且意识到需要调整自己的策略。此刻你需要改变控制你工作记忆的规则并做出其他选择，比如多打底线球。执行性注意力负责调整策略。若你不能专心调整策略，将会继续机械性地击球，并未意识到自己正在重复相同的错误。你需要集中注意力以评估自己的行为并在必要时进行调整。

对于工作记忆遇到障碍的人（比如脑损伤造成的记忆障碍），策略无效时也无法成功调整策略。这种情况就是执拗，该状态揭示了工作记忆一个不可或缺的功能：工作记忆使得人们能够灵活地与世界进行互动。人们通常利用威斯康辛卡片分类任务法来测量这种灵活性，该任务要求测试对象按照一定的规则把一摞牌进行分类。正如图 1–5 所示，这些卡片有诸多能够进行分类的特征：颜色（灰度）、形状和数量。

卡片共有 4 摞，可以根据上述某个特征把零星的卡片进行分类。如果颜色是决定性特征，卡片放在第一摞上；如果形状是决定性特征，卡片就在第四摞；如果数量是决定性特征，卡片则放到第二摞。

分类规则在分出数张卡片后发生变化。若一直根据颜色进行分类，你将被告知开始按数量进行分类——这就像你在第三局比赛关键时刻停止打短球。这对患有执拗症的人是很困难的。即使已经被告知要遵循新的规则，甚至已经收到相关行为反馈进而清楚地知道正在错误地做某件事情，他们仍继续根据旧规则进行卡片分类。

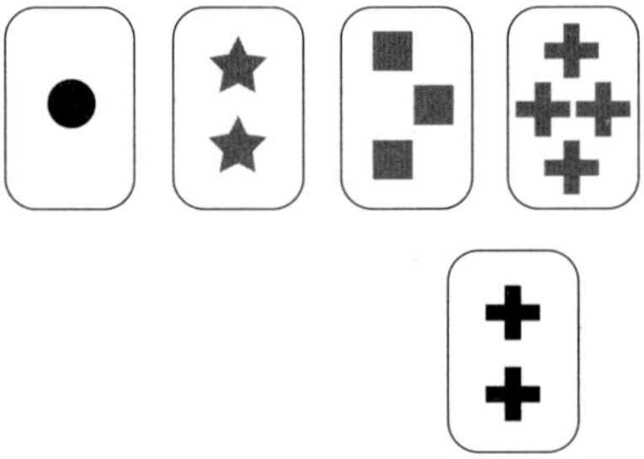

图1-5

与年轻人相比，儿童和老年人执行该项任务更加困难。这是因为前额叶皮层主要负责工作记忆，而且该部分相比其他部分发育成熟最晚，却衰老最早。前额叶皮层主宰人们执行任务的能力，你可以把它看作是大脑的控制中心。前额叶皮层和大脑其他部位之间有很强的神经连接，所以前额叶皮层拥有独一无二的控制和操纵大脑其他部位活动的基础设施。人脑中的这些连接比其他物种脑中的连接更加强大，所以人类比任何其他物种都更擅长计划、组织、分析和推理。

良好的注意力使得人们能够更加灵活地与周围环境进行互动。每种情境都需要不同的规则体系，比如你与老板的沟通方式不同于你和邻居的；打开一扇厚重的门需要你花费很大的力气，但若你用同样的力气去开一扇较轻的门，你会遭受痛苦的后果；即使你不全神贯注地开车，但因每天都走同一条线路上班，你也会抵达上班地点，然而当你计划某个周六早上开车去体育馆时，问题发生了，你突然发现自己把车开到了单位！（我的单位搬到新楼去了，仅仅因为上班路上没有专心，我便无意识地走到单位的旧址。）

集中注意力能确保你在进行某项活动时不会分心，你若能保证不会因其他无关的事情分心，你就可以不受干扰地完成任务。或许你会认为理想的环境中没有什么事情可以让你分心，但事实并非如此。从进化角度看，集中注意力时不允许自己分心是极其危险的。很久以前人类必须时刻保持警惕，以防隐藏的捕食者。出于同样原因，现在我们聚精会神做事时，若有人突然拍我们的肩膀，我们也会感到害怕。这种由本能引起的害怕反应会让人们在需要时逃离危险。

大脑时刻监控着我们周围的环境，并会在遇到危险时立刻发出信号，告诉我们停下手头的事。为达此目的，大脑利用认知神经科学中的“断路器”对工作记忆进行干扰，引起大脑自动关机。在你阅读本书时，断路器在一直监控你的安全。该系统主要位于右脑的额顶腹侧网——大脑各部的聚集区，负责对不常见物体做出反馈（即使不寻常物体在人们注意力的范围之外）。该系统并不受人类控制，也应该如此。毕竟我们在遇到危险时并没有时间决定哪些东西值得注意，此时最重要的是立刻放下手里的工作，跑！

两种不同的注意力存在根本差别：以工作记忆正在执行的任务为基础的有意注意（正在阅读的书籍以及正在收听的电台节目）和人类无法控制并迫使信息存储在工作记忆中的自动反射性注意。反射性注意能使人们在精神高度集中时注意周围环境，因而至关重要，它也能干扰人们的注意力，但并非所有能干扰人们注意力的刺激物都值得警惕。因此当你想全身心投入做某件事情时，重要的是你能不遗余力地避免无关的刺激物，身边不摆放可能分散注意力的设备。你现在或许能够理解为什么关掉所有手机或电脑的提示消息会对注意力集中大有裨益了。

工作记忆负荷过大难以有效集中注意力

2016 年 12 月，一条视频在很短的时间内就获得了数百万次的网络浏览。乍一看该视频并没有什么奇特之处，无非就是典型的美国高中生单纯的爱情故事，两个学生在课桌上为彼此留下一连串的信息。他们在影片结尾时真正见面。然而在电影最后一个镜头中可以看到，一位挥舞着枪的学生走进了教室，这是美国学校大规模枪击事件的一个缩影。该影片由非营利性组织桑迪胡克信托基金拍摄，旨在防止诸如 2012 年发生在桑迪胡克小学的枪击事件再次发生。

若没有完全沉浸在爱情故事中，你可能会在影片结尾发现若干信号，这是该影片扣人心弦的原因之一。该影片结尾展示了持枪走进教室的学生的异常行为。他不和任何人联系，常常做出持枪的姿势并在网上搜索关于枪支的信息。这一切都发生在众目睽睽之下，却无人注意。这蕴含着该影片想要表达的信息：留心身边的事物，有人或许正在你面前准备一场大规模枪杀。正如桑迪胡克信托基金所表达的，“发现迹象可预防枪支暴力”。

尽管拍摄该影片的目的令人敬佩，但实际上它传达了一种错误的观点。人们每次只能专心于一件事情，该影片要求人们在做好其他事情的同时也要留心枪支暴力的迹象，这已超出了大脑的极限。这样做的危害是人们在观看影片后会因没有发现背后的事件而感到愧疚，尽管这些迹象有时很细微。想象一下，如果人们不得不一直关注日常生活背后的事情，就无法专注于那些真正重要的事情了。这是那些患有创伤后精神紧张障碍的人们的状态，他们总会不自觉地搜查周边环境以发现危险迹象，因而他们很难集中注意力。这意味着他们的部分工作记忆总是活跃的，造成了重大的注意力问题。

在承受重大心理压力的情况下，人们的心理状态会失调，导致创伤后应激障碍（PTSD）。这些状况包括心理创伤、生命遭受威胁以及偶发的严重身体伤害。创伤性应激障碍的研究最初是由战争推动的。士兵遭受创伤性应激障碍的故事可以追溯到古代。这种精神障碍通常与军人密不可分，也可能是遭受虐待或严重事故的结果。患有该病的人通常饱受梦魇折磨，而且稍一受刺激就会表现出极端的精神紧张。一个典型的例子是一个病人对关门声的反应，他们的大脑一直保持紧张状态，这给工作记忆带来严重影响。病人脑部扫描结果显示，在负责工作记忆的大脑活动中存在异常现象。这会影响他们控制日常活动的能力，而且他们有时似乎一直处在多任务状态中。

甚至未受到创伤性应激障碍影响的人也承认焦虑会对注意力集中造成影响。你能在感到恐惧时读书吗？这是不可能的。焦虑会迫使工作记忆首先对周围环境进行持续监控，如桑迪胡克信托基金拍摄的影片中展示的那样，每个细节都要检查。

人们总会对一些事情感到忧心忡忡，但若是对某件事情担忧过度（比如考试），你就会失去活力。在这种情况下，焦虑占据了太多工作记忆容量，导致你无法发挥出最佳水平。

鉴于工作记忆容量有限，当工作记忆过度负荷时，尤其是执行一项复杂任务时，工作记忆就会影响你的表现。同样，若能舒缓焦虑，你就会表现得更好。已有实验成功地证明了上述观点，实验由两组测试对象组成，第一组测试人员在静坐10分钟之后立刻解答一道复杂的数学方程式。他们一直在担忧这个即将到来的任务，而且他们知道可能获得的奖励取决于测试中的表现。第二组测试对象不用安静地坐10分钟，相反他们有机会写下对即将到来的测试的想法和感受。两组测试对象在之前没有附加条件的测试中表现旗鼓相当，但在第二轮测试中，第一组明显比第二组犯错多。

更有趣的是，第二组在第二轮测试中比第一轮测试中表现得还要出色。似乎在考前或表演前写下自己的想法或担忧有助于梳理工作记忆，甚至使工作记忆变得更加敏捷。这可能与物质世界能充当外部存储器有关。在这种情况下，焦虑被移出大脑并被存储在外部存储器中（如一张纸），因此激发了工作记忆所需的容量。

供人们使用的工作记忆容量是有限的，而工作记忆负荷过重会导致错误。工作记忆中充满信息时，留给其他活动的记忆容量就会很少。如果告诉测试对象他们在执行一项艰巨任务时将被录像，其表现随后也将被评价，他们会表现得非常糟糕。工作记忆会加工处理与该信息相关的想法，这会导致任务更加难以执行。这阐明了教练在重要赛事前告诉运动员放空大脑的原因。工作记忆有限的容量和此处信息的易损性表明：保持注意力集中绝非易事。所以，如果想完全集中注意力，你必须充分地利用工作记忆，并排除一切对注意力不必要的干扰。

第二章

多重任务处理应该在何时做

布莱恩·卡利南是普华永道公司的一名会计师，久负盛名。他认为自己比大部分同事都要幸运，因为他负责在一年一度的奥斯卡颁奖典礼上颁发奖项。他和同事玛莎·伊斯负责计算投票数、按序排放装有获奖者名单的信封并在颁奖典礼上把信封交给对应的人。他们在典礼前一周接受了 BBC（英国广播公司）的采访，洋洋自得地夸耀整个投票过程无懈可击。美国电影艺术与科学学院会员的 7000 张投票经过多次清点，统计结果密封在信封里，锁进保险柜。装有统计结果的信封准备两份，布莱恩和玛莎各带一份，在最严格的安保措施下分别抵达典礼现场。布莱恩和玛莎在颁奖典礼现场会分别站在舞台两侧，无论颁奖人从哪一侧登台，都可以在颁奖人上台前把正确的信封交给他们。当舞台另一边把装有各奖项获奖者名单的信封交给颁奖人时，布莱恩或玛莎会处理掉他(她)手中的副本，这怎么可能会出问题呢?

奥斯卡颁奖典礼史上最尴尬的时刻发生在2017年。艾玛·斯通凭借《爱乐之城》获得最佳女演员奖项，玛莎把装有此名单的信封交给颁奖者。下一项将公布当晚最重要的奖项：最佳影片奖，但是布莱恩忘了处理掉最佳女演员的副本，反而把它交给了颁奖嘉宾沃伦·比蒂和费·唐纳薇。比蒂上台打开信封，当看到信封上写道“艾玛·斯通凭借《爱乐之城》获得最佳女演员”时，他犹豫了片刻，然后把信封交给迫切地想公布获奖者名单的唐纳薇，毕竟是安排她来读名单。唐纳薇读出印在卡片上的电影名称《爱乐之城》，却没有注意到艾玛·斯通的名字。

当有人发现这一错误时，《爱乐之城》的制作人正发表获奖感言。因没有适当的应急计划处理给错信封的情况，颁奖典礼推迟了很久。布莱恩在典礼前接受《赫芬顿邮报》采访时甚至表示出现错误的概率微乎其微，所以完全没有必要为此预先做准备。最后玛莎和布莱恩不得不走上舞台去收拾这个烂摊子，将实情告知观众并宣布本届最佳影片是《月光男孩》。

这种事情怎么会发生呢？原因可从多方面论述，但需要特别注意一个情况。布莱恩非常喜欢使用推特，他在举办典礼数月前就频繁地发推文，表示自己多么期待这个典礼以及典礼流程的详细信息。典礼当晚他还发了许多推文，包括一张艾玛·斯通在后台与奖杯合影的照片。后来他删除了该推文，但所有人都已发现这是他在艾玛·斯通刚刚领奖下台就发的照片，而他当时本应该处理掉最佳女演员奖的信封并准备好下一个奖项的信封，以防颁奖嘉宾可能从他这边上台颁奖。布莱恩和其他与此事相关的人真是不幸，颁奖嘉宾恰恰就是选择从布莱恩那边上台颁奖。这个插曲不只是美国电影艺术与科学学院的重大失误，同时也是普华永道公司的耻辱，该公司在几天后发布了一条公告，宣布承担本次事件的全部责任。

虽然布莱恩在典礼中负责的工作看起来似乎挺容易的，但也不是随随便便就能做好的。处理信封需要使用工作记忆，当与其他工作（比如编辑一个推文）混在一起时，这意味着工作记忆要同时执行两项任务。当两项任务都要使用工作记忆时，同时执行两项任务就超出了大脑的能力范围，这时就会出现问题。若认为可以不费吹灰之力地立刻做几件事情，那你很有可能是多重任务执行假想的受害者。大脑可以在两项任务之间迅速转换，以致人们误认为自己同时在做这两件事。然而你可以在大脑中观察到事实并非如此。大脑的两半在负责执行任务时并不同时起作用，而是交替起作用，这意味着大脑在执行两项活动时必须经常进行切换。因此，执行多重任务应该更准确地描述为在不同任务之间进行转换，而不是结合。

但在任务之间进行转换那么容易吗？这样做会没有任何副作用吗？若布莱恩没有拿起手机给艾玛·斯通拍照，没有把照片上传到推特，他还会犯同样的错误吗？想要回答这些问题，必须好好研究一下任务转换试验。实验心理学涉及诸多研究领域，包括多种不同领域的研究人员，每个研究人员对某一具体研究领域感兴趣。他们自己组织会议并在自己的期刊上发表文章。其中一组研究人员专门研究转换任务，因为人们相信通过转换任务可表明大脑能够灵活地与世界互动。人们经常被迫根据情况同时做一些不同的事情，比如我们翻钱包找通勤证，找正确的站台，同时确保跑着赶车时不会撞到他人。

在实验室中，利用同一原理，转换实验采用更加抽象的任务进行。例如在数字－字母任务实验中，测试对象要在数字分类和字母分类之间进行转换。在每次任务前都会向他们展示单词“数字”或“字母”，在此之后一个数字－字母组合体（比如 2B 或 N3）会出现在屏幕上。若任务与数字相关，就要尽可能快地说出所看到的数字是奇数还是偶数；若与字母相关，就要说出所看到的字母是元音还是辅音。有时必须在不同任务间进行转换（比如先进行字母任务再进行数字任务），而任务有时是重复的（比如连续两次进行数字任务）。

全世界的科学家在实验中都得到了同样的观察结果。与重复任务相比，在两项任务中进行转换时测试对象对数字—字母组合体反应较慢，这一事实将会给人们带来意义深远的影响。在需要利用工作记忆的不同任务之间进行转换总要付出成本（就反应时间和出错次数而言）。与专注于一个任务相比，任务转换时完成每个任务都会耗时更久（“转换成本”）且出错次数更多。从前文中可知，所有不能自动执行且需要注意力的任务都会利用工作记忆，而利用工作记忆的程度取决于任务的难度：与执行需要利用工作记忆但不太困难的任务相比，执行复杂任务需付出更高的成本。毕竟，打扫乱糟糟的房间比打扫相对干净的房间耗时更久。

这就是为什么在任务转换后，如果测试对象提前知道执行任务的内容，转换成本会降低。他们在下次任务出现前清除了工作记忆，并做好应对准备。在一次试验中要求测试对象进行复杂拼图，然后打断他们，告诉他们转换到另一个相对简单的任务。与先完成拼图任务并清理相关工作记忆，然后再执行另一个任务相比，他们在立刻转换到另一个任务后表现得更糟糕。这说明与自我转换相比，外部干扰通常障碍性更大。因不能彻底清除工作记忆，工作记忆中仍保留被打断工作的残留部分。延续到下个任务的残余部分越多，转换成本将会越高。

有趣的是，这些科学研究表明在不同任务间进行转换的能力无任何性别差异。尽管科学已给出严谨的分析，但仍有人认为女性比男性更擅长处理多重任务，可是至今无证据支持这一观点。然而可以确认的是，有的人比其他人更擅长在不同任务之间转换且需要的时间和精力较少，但这也与性别无关。

媒体使用和执行多重任务

总有人在本该学习或专心工作时查阅邮件和上网（或许你也是这种人）。95% 的人每天平均花费 1/3 的时间同时使用各种社交媒体。比如，一边看电视一边用智能手机翻看脸书并用平板电脑查阅推特。斯坦福大学的研究人员发现在各种社交媒体上（智能手机或笔记本电脑）花费时间更久的人会比花费时间少的人付出更高的转换成本。使用多种媒体的程度是用来预测大脑在不同任务之间进行转换的效率的因素之一。重度社交媒体使用者不只在转换任务时表现较差，他们更易受输入信息打扰，在需要记住若干单词的记忆任务中表现糟糕。

这些结果乍一看似乎很令人意外。我们花费那么多时间同时进行多重任务，那大脑应该会越来越擅长在不同任务之间进行转换，这样想也是无可厚非的。然而事实并非如此，而且人们习惯性地高估自己执行多重任务的能力。数次试验已证明，人们不能准确评估自己执行多重任务的能力以及随后的表现。年轻人通常认为自己绝对可以同时用 6—7 种社交媒体，但不管年龄如何，这都是不可能完成的任务。

虽然人们都清楚执行多重任务并不利于集中注意力，但也相信它不会造成永久性伤害。根据对重度社交媒体使用者的研究可以总结出，在不同任务之间转换的频率过高会对大脑产生不良影响并降低大脑工作效率，但也会有另外一种可能：过度使用社交媒体根本不会对大脑造成永久性伤害。或许与人们的认知正好相反，大脑工作效率更低的人反而更有可能同时使用不同的社交媒体。换句话说，更易分心的人或许更有可能同时使用多种媒体。

人们越琢磨就越认为这种情况不太可能发生。越无法抗拒干扰，就越有可能执行多重任务。对你造成连续轰炸的刺激物，如智能手机接收的消息、身边摆放的一台平板电脑等，都会给注意力发出指令，并把注意力从正在做的事情上分散开来，大脑工作效率低的人更易出现这种情况。没有证据表明持续增加的多种媒体使用会给大脑带来永久性的消极影响，但日益增加的多重任务会给工作效率低下的人们带来严峻的挑战。

工作场所的“一心多用”

你发现自己在工作时同时做几件事情的频率高吗？根据调查，大部分人会经常同时做几件事情。当然，这取决于人们的工作种类，但已明确证实某些职业，尤其是那些在公用办公场所工作的人会是这样。与拥有独立办公室的人相比，在公用办公场所办公时注意力分散的可能性更高。原来任务转换的原因主要来自其他员工的干扰。

研究人员在 2005 年对典型的办公室人员进行了一场观察性研究（比如财务分析师和软件开发人员）。他们使用秒表和记事本追踪员工在工作日的行为和活动。受追踪的员工同时做几个项目，这说明他们经常要同时做若干件事情。该研究（观测周期为700工作小时）表明员工平均每11分钟被干扰一次，这迫使他们把注意力转移到不同的任务上。这些干扰包括接电话、回答同事的问题以及查看邮件。若这些干扰与原本正在做的事情没有直接关系，重回原来工作会额外花费25分钟。

并非所有的任务转换都是由外部干扰造成的，员工自己往往也进行任务转换。在随后的采访中他们表示并不是自己想这样做，而是根据项目优先性不得不进行任务转换。这意味着员工们并不是在某一个项目上花费大量时间，而是在多项工作中都只达到最低限度。他们时刻关注在某个特定时刻哪项任务是最重要的。

在不同任务之间转换的另一个原因是缺乏专注力。许多员工发现自己很难在相当长的时间内只做一件事情，通常仅在10分钟后就打电话或查阅邮件。澳大利亚一家电信公司的研究表明其大多数员工只能在10分钟内保证全身心投入一项任务，但平均数低至3分钟，这再次证明了任务转换并不全是外部干扰的结果。事实上，报告里86项任务转换中有65项是员工主动做的，且大部分转换与交际相关。在大多数情况下，员工即使没有收到提示消息也会查看一下自己是否收到新消息。这真的纯粹出于习惯，也可以称为上瘾，比如快速地查查邮箱只是为了知道是否收到了新邮件。

员工在收到新邮件后，尤其是手机接收到新消息后，通常会立刻回复。施乐公司是一个典型的例子，其员工的平均回复时间低于1分44秒，且70%的回复时间是在6秒之内，这个时间只够写完一句话。因担心信息发出者会终止发送信息，人们会习惯性地立刻回复信息，比如听到电话铃声响会立刻接电话。以施乐公司为例，回复信息也使得员工开启了另外的交流渠道或媒介，这似乎可以让他们短暂休息一下。但若事先没有收到信息，他们也不会主动休息。然后重新专注于之前的工作平均会花费68秒。诚然，这比接电话后再专心工作的时间短得多。工作时被打断，再次回忆起之前正在做的事情以及为再次开始工作清除不必要的工作记忆会花费一些时间。

上文中澳大利亚公司的员工专注于一个项目的时间不足10分钟，问题是：这个时间够专心致志地做一件事吗？频繁地在不同任务之间进行转换会使工作变得肤浅，因为你无法深入探究手头工作的本质。当然，这主要取决于你从事哪种工作（并不是所有的工作都需要注意力高度集中），但问题是需要高度集中注意力时你是否仍精力涣散，你是否能够分辨两种任务的不同。比如，那些坚持要求自己的员工立刻回复所有消息的经理、要求员工在电脑上一直开着聊天界面的公司以及那些因回复消息速度更快而被表扬具有敬业精神的人。扪心自问，这些员工是否取得了重要的突破并对公司贡献最多？毕竟，过去和现在许多重要的发现都诞生于孤独环境，需要最低限度地分散注意力和最高度的注意力集中。

科学家开展诸多调查以研究频繁地在不同任务之间转换

的员工们的生产能力和经历，以期发现执行多重任务是否有积极效果。有趣的是，在不同任务之间转换并不意味着员工在每项任务上耗时更久，但会遭受更多压力和困惑并承受更多工作量。当你想快点儿完成工作但又持续受到干扰时，你很容易发火，这种情况你可能并不陌生。学生们从我说“请进”的方式能够判断出在过去一个小时内我的办公室有多少访客。当有人顺便拜访并询问一些事情时，我本不想生气，但有时候，尤其是在努力完成一篇重要的论文时我还是没有控制住自己。我努力地弥补流失的时间，但匆忙完成的论文往往质量低下。

频繁干扰会使员工不得不采取不同的工作策略，匆忙干活，效率低下。研究结果证实任务转换可导致皮质醇和肾上腺素等应激激素的产生。当然，应激激素在生死攸关时非常有用，但它在正常工作的情况下几乎没有任何作用。众所周知，应激激素会导致进攻性行为，无数书籍论述了压力对身体健康造成的负面影响。而且，频繁地在不同任务之间转换会给工作氛围带来不利影响。整天都得在工作中忍受干扰，你的感受如何？长期承受应激激素影响通常会导致严重的疲劳，所以若一整天反复进行工作转换后感到极度疲惫，不要感到惊讶。

从注意力研究的角度看，客气地说，大型公共办公场所是一种奇怪的现象。数年的研究表明大脑易受注意力分散的影响，每次周围的电话响起都会吸引人的注意，而大脑注意力就会分散，但公司仍继续把员工挤在公共办公场所。确实，共享办公场所能提高合作水平并降低办公空间成本，但问题是这些益处能否弥补同事们聊天和来回走动带来的注意力持续分散的损失。毕竟，每次注意力分散都会把注意力从正在做的事情上转移开来，造成任务转换。

多重任务与习得

人的大脑是用来学习的，活到老学到老。每次正确执行一个动作，都会加强参与执行动作的神经元之间的通路。相反，那些长久未用的通路就变得越来越弱了。该过程有助于大脑更加有效地执行经常性任务。记忆的工作方式与此相同。加强相关通路可以更好地处理相关事情，比如算数。想要学习，你必须全神贯注，同时执行几项任务会削弱学习能力。尽管在执行多重任务时可以学习一些东西，但以后无法自如有效地运用，这就造成了学习的短期性。专心于一件事物和执行多重任务，学会利用大脑不同的部位。

在一项研究中，被测试对象要求把不同的纸牌分成两组，然后他们需要学习适用于各组的规则。某些组测试对象可全神贯注地学规则，另一些组则需要通过耳机收听高低不同的音调并要记住听到高音调的次数。即使这种分散注意力的方式不会对学习规则产生负面影响，但让他们回忆这些规则很困难。用同一组扑克牌参加接下来的训练时，他们发现换了别的音调时，他们仍很难记得住学习到的规则。

进行这些试验时使用了核磁共振扫描仪监测，所以当测试人员学习规则时，研究人员可以看到大脑哪些部位变得活跃。当测试对象能够全神贯注时，大脑的海马体变得活跃，而海马体在加工、保留和从长期记忆中检索信息方面起着至关重要的作用。比如，想在工作记忆中记住一位老同学的名字时，海马体会确保（希望如此）从长期记忆中检索到正确的名字。上述测试对象边听高低不同的音调边学习时，他们的海马体非常不活跃甚至处在休眠状态，这说明其既不能保留新信息，今后也不可能检索到该信息。

值得一提的是，这些研究成果通常发表在权威的科学期刊上，比如科学界顶尖出版物之一的《美国国家科学院院刊》。如此重要的期刊决定发表上述研究成果与“学习”这一概念的重要性密切相关。若执行多重任务的确对学习能力有消极作用，这将会对如何教育孩子产生重大影响。若学生的注意力总是从一项任务转移到另一项任务，教育效果注定不佳。调查研究表明学生居家学习时很难专心致志、不被干扰地完成一项任务。即使知道要学习一篇极其重要的课文，他们也只能专心 3—5 分钟。社交媒体和聊天信息被认为是影响注意力的主要因素，这并不意外。学习时使用社交媒体的频率和在校的表现关联甚大：使用频率越高，在校表现越差。

一心多用会让你变傻吗?

伦敦大学的格伦·威尔逊最近进行的一项研究表明“一心多用会让人变傻”，但我认为这个结论过于简单。可是因为这项研究成果被广泛引用，所以你可能也会认同他的观点。诸多关于多重任务处理和新媒体对人类认知功能的影响的书大多引用了威尔逊的研究成果（比如丹尼尔·列维京极具影响力的书籍《有组织的大脑》）。威尔逊声称该研究表明，执行多重任务绝对足以使智商降低 10 个点。几乎每个人都可以想象到智商下降 10 个点会变成什么样子，所以该研究在科学界大受欢迎。

然而，很多博主投入大量时间和精力质疑威尔逊研究的价值。第一，该研究由惠普资助且并没有发表在权威科学期刊。该研究的基础并不扎实，所以没有发表在权威期刊上并不意外。比如，测试对象数量不够（仅使用了8个测试对象），而且简单地干扰混淆了多重任务的执行的概念，智商下降的结论来自处理接听电话和邮件的情景，这些刺激会导致注意力分散，但这并不是执行多重任务。众所周知，过量的不相关声音和视觉刺激物会对一个人的表现造成消极影响。威尔逊本人对众多媒体关注其研究感到意外，他最开始认为可以靠此挣点儿外快，但媒体和诸多科普书也想利用他的观点挣钱。他最终决定从网站上撤掉该研究成果并发布了一个简短的声明，表示媒体误解了他的研究成果并终止对这一主题的研究。如今人们可以轻松地说智商不会仅因为执行多重任务就下降 10 个点。

多重任务与学习

不幸的是，生活中并非所有的事情都如你最爱的连续剧一样引人入胜。学生们发现学习材料枯燥无味且晦涩难懂时，他们很难在一段时间内集中注意力。教室和学术报告厅里智能手机和社交媒体的出现加剧了注意力分散，网络上有可能分散当代学生注意力的事物数量呈现爆炸式增长。墨尔本大学的泰利·贾德研究了 1249 名被告知要独自学习、不受他人干扰的学生，分析了 3372 场计算机会话，有 99% 的会话都显示出多重任务的痕迹。即使学习占据了学生们大部分时间，但脸书依然占据了他们总时间的 9.2%，且 1484 场会话都显示了脸书的登录次数。登录脸书的学生会花费较少的时间专心致志地做一项任务，而且最有可能会在不同任务之间转换。

其他研究表明学生坚持单一学习任务的平均时间仅是 6 分钟。这一现象很好解释，一项研究要求一组学生记录自己 28 天内的社交媒体使用情况，并每隔一定时间报告自己的满意度。研究结果表明学生们更喜欢一边学习一边浏览各种社交媒体。比如，与那些没有看电视的学生相比，看电视的学生对自己利用时间的方式更加满意。即使后者并没有达到自己预期的学习效果，他们仍对此感觉良好，并且认为边看电视边学习会令人更加享受学习过程。

研究人员让 32 名学生佩戴一种设备，该设备能够每天记录他们的活动 3 次，为期 4 周，目的是调查这些学生是否会进行多重任务，若是，学生都使用哪种社交媒体。该测试结果表明，即使测试对象并未达到预期的学习结果，但使用社交媒体会让他们度过那段时间时感觉良好。虽然执行多重任务确实是由社交媒体的出现造成的，但其出现的作用本身就是满足人们的心理需求。

如何看待有效地学习和使用社交媒体之间的关联？社交媒体的出现真的会造成更糟糕的结果吗？请看 2007 年开展的关于学生做家庭作业时聊天对注意力集中程度影响的研究。科学家们认为由于网上聊天日益普及，学生们更有可能一心多用，这就导致他们不能专心做作业。为了确定聊天对学习的影响，科学家们要求学生填写调查问卷时写明他们花在聊天上的时间，并自我评估控制注意力集中的能力。调查结果一目了然：学习时在网上聊天花费时间越多，注意力就越难集中；而空闲时间愿意读书的学生（网上聊天时间越短）集中注意力的能力更强。

基于这些联系很容易得出如下结论：学习时网上聊天会削弱集中注意力的能力。该结论同样适用于揭示学生上课时发送信息的数量与期末成绩之间的关系，以及一心多用与学生平均分之间的关系。相关文献都有数不胜数的例子证实上述结论，各种媒体都有报道。

然而这些研究的问题在于总是以关联性为基础，而且通常使用相同的方法：利用调查问卷，或为了更准确，储存和查阅计算机浏览记录，然后测量测试对象执行某项任务的表现，并比较结果。然后确定一种消极的联系：社交媒体使用度越高，越有可能一心多用，表现也越糟糕。然而不能粗暴地说一个就是由另一个引起的，关联性与因果性无关。虽然很容易得出学生表现欠佳是由过度使用社交媒体引起的，但绝无仅有这一个结论，也可以得出完全相反的结论：学生在分数低时会提高社交媒体使用次数——使用同样的数据得出完全不同的假设。

还可能存在第三种可能性，即在关联性背后存在某种其他事物，比如一个人的智力水平。为什么有些人很容易因社交媒体而分散注意力？这很容易解释，与他人相比，有些人更难以集中注意力，因此更容易因现代的社交媒体影响而分散注意力。100 多年以前的学生也会因其他事物而分散注意力，那时是飞奔出去踢球、安静地坐着或盯着天空发呆而已。

这就不能说糟糕的分数是由过度使用社交媒体造成的，最多也就是糟糕的分数与过度使用社交媒体经常一起出现。

同样的原因，我们不可能依据若干营养研究的结果就得出关于食物和因果性的结论。食用从某种鱼获取的鱼油和感染某种疾病之间或许存在负相关，但这并不意味着食用这种鱼会自动降低感染该疾病的概率。当然，人们普遍认为食用鱼肉是健康生活方式的重要部分，就像经常锻炼身体一样，但重要的是要考虑健康的生活方式而不是鱼油。

可以找到纠正干扰因素的方法，但在这些类型的研究中人们并不清楚哪些地方需要修正。一个有趣的细节是，描述这些成果的科技文章中几乎从未明确声明因果性，但关于这些研究的媒体报道中经常出现这些声明。为了总结关联性这一小节，请允许我分享 2004 年 10 月 28 日荷兰网站的一条新闻。你很容易发现该条新闻与事实不符，但我主要是希望下次你阅读关于某种食物对健康的益处或脸书对幸福的影响等文章时能想起该报告。

没有牙齿的人记忆力差

上周五斯德哥尔摩发表的一项研究结果表明，牙医在拔除患者牙齿的同时很可能也会移除病人的一部分记忆。牙医、心理学讲师杨·伯格道说：“很显然，牙齿对记忆力至关重要。”他还是这项研究的作者之一，该研究自 1988 年至今，追踪了 1962 名年龄在 35—90 岁的研究对象。该研究对比了有自己牙齿的参与者和带有假牙的参与者的记忆力。

伯格道说：“很显然，没有牙齿的人的记忆力更差。”瑞典的研究并未说明拔掉一颗牙齿会对记忆力造成多大影响。科学家们打算对此进一步研究，希望弄清楚拔掉多少颗牙齿才会对人类的记忆力造成影响。

人们如何开始建立因果联系？使用实验性研究技术才是建立因果联系的唯一途径。测试对象在实验性研究中被随机分成若干小组，每个小组承受不同的试验条件。所有小组的重要因素都要保持一致，如年龄和受教育程度，分组必须在此基础上进行。通过这种方式，人们可以根据所执行的实验操作程序解释小组结果的差异性。所以若想知道食用鱼油是否会对感染某种疾病的可能性造成影响，需要创建两个小组：一组测试对象长期食用鱼油，而另一组不食用鱼油（对照组）。一段时间后，确定生病的测试对象并比较两组的得病率。另外也需确保两组测试对象遵守相似的生活方式，而且对照组不能食用鱼油，或少量食用，不可对实验结果带来影响。当然，从实用性和费用的角度来看，这种研究几乎没有实施的可能性。毕竟，想要获取可靠的结果要耗费几十年。如前文所说，想得出某种具体物质对人类造成影响的绝对明确的结论，这是唯一的途径。

对食物研究而言，至多可进行相关性研究。虽然截至

2020 年，这些研究的数量相对较少且内容相当基础，但实验性研究已被用来检测具体事物，比如使用社交媒体对学习表现的影响。研究学生们在听讲座时的行为也是该类研究的一个例子。首先邀请测试对象参加三场不同的讲座，然后提问若干与讲座相关的问题。把他们分成不同小组：一个对照组的测试对象不能使用任何社交媒体，因此可以专心致志地听讲座；若干实验组在听讲座时分别使用不同类型的社交媒体，例如电子邮件、脸书以及用电脑或智能手机聊天。与对照组相比，所有实验组的测试对象在下面的测试中犯错更多。他们必须在听讲座和完成社交媒体分配的任务之间切换注意力，因此就遗漏了讲座的部分内容。其他相似的实验不仅得到相同的结果，还显示出，与实验组相比，注意力集中的对照组测试对象可多记 62% 的信息，且笔记内容更翔实。如果你还记得之前提到的听讲座时记笔记的有效性，就会明白为什么全神贯注地学习效果更佳。

执行多重任务并不一定是件坏事

并非只有年轻人喜欢一心多用。在 2020 年关于荷兰媒体使用情况的广泛研究中，阿姆斯特丹大学的研究人员要求 3000 多名各年龄段的荷兰居民在日记本上记录他们使用各种社交媒体的情况。调查对象进行多重任务的平均时间并没有太大差别：每天大概 6 个小时。然而，不同年龄段的人使用社交媒体的种类差别明显。年轻人倾向于边听音乐边做其他网络活动（社交媒体或观看视频），而年龄较大的人习惯边听收音机或看电视边回复邮件或阅读报纸。

并非所有的执行多重任务都不利于集中注意力，明白这一点很重要。一方面，人们并不是每时每刻都在学习或者工作。边听收音机边读报纸时阅读速度会比平时慢，这也不是什么世界末日般的坏事情。另一方面，其他来源出现的信息并不一定需要注意力，人们有能力无视持续的信息来源。比如，只要能够不被收音机的内容干扰，你就可以开着收音机学习。记得有一次办公室的收音机开着，而我那时正在全神贯注地写论文，以至于完全忽略了收音机的内容，后来听说居然是我一个朋友正在直播。

人们想要专心致志地做某事时，通常会使用一种乍一看似乎有点儿违背常理的方法：播放音乐。我的父母永远不能理解我如何一边收听最喜爱的热门欧陆舞曲一边做家庭作业。临时抱佛脚准备考试时收听我个人最喜欢的音乐能带给我许多乐趣。直到现在，我依然会在学习和写东西时播放背景音乐，而且认为自己的音乐欣赏力也有所提高。在城镇里闲逛时，可以透过咖啡馆的窗户看到，许多学生或者其他年轻人聚在一起学习或工作时都会戴耳机。2012 年在荷兰进行的一项研究表明，80% 的调查对象每天都边听音乐边工作。

人们刚开始可能会认为通过耳机播放的音乐只会造成注意力更加分散，必须尽力消除这种刺激。然而，大多数员工认为边听音乐边工作效率更高。这怎么可能？首先，人们无法长久保持注意力高度集中，尤其是做一些极其复杂或无聊的工作时，专注时间越久，注意力越衰弱。听音乐会给大脑带来新的冲击，进而帮助其保持警醒，甚至外科医生都边听音乐边工作（据英国最近的一项调查，这一比例高达80%）。这当然也与收听音乐的种类有关，一位外科医生接受《新鹿特丹商报》采访时说自己在手术时绝不会听古典音乐，因为他担心自己真的会分神听音乐。

为什么听音乐会有助于工作？一个重要的因素是人们根本不是真的在听音乐。若外科医生有意去听音乐，这会使他分神并占用工作记忆，就会开始进行多重任务，后果可想而知。我若在工作时想听自己最喜爱乐队的最新专辑，那另一项任务效果注定会不理想。与听新音乐或需要很多注意力的音乐相比，听非常熟悉的音乐或播放列表中柔和的音乐更易提高工作效率，这几乎是不言而喻的。

音乐不只带来更多“兴奋”（下章会讨论本概念），也会保证人们不因出乎意料的声音分神。回过头想想那些时髦咖啡厅里的学生，咖啡厅里声音嘈杂不断：此起彼伏的交谈声、进进出出的开关门声以及咖啡机的研磨声和液体流出声。佩戴耳机可以隔绝所有的刺激物，只听自己想听且不易分神的声音。当注意力很难高度集中时就可以停下来听会儿音乐，这有助于再次集中注意力。这就是为什么在大型公共办公室的员工工作时偶尔会佩戴耳机，当然，这也是因为在办公室使用立体声音响播放音乐将会惹恼同事。最后一点，音乐品位因人而异。我有时会毫无征兆地想听卡佩拉快节奏音乐，最后却选择了布利斯音乐。

读完本章，你可以认为人类将最终进化为超级多重任务处理者。现实生活中可能确实存在可以不费吹灰之力进行多重任务处理的人。若是这样的话，他们是人类大脑将在现代社会经历变化的预兆吗？虽有迹象表明情况的确如此，但仍需进行大量的研究加以证明。一项研究表明，200 名测试对象中有 4 人可以在解答数学方程式并记住一列单词的同时毫无困难地操作汽车驾驶模拟器，98% 的测试对象会在其中一项任务中犯大错，但那 4 个人完成上述任务却没有任何困难。当然，完成测试的人数太少，所以并不能对这些人的天资进行总结。他们也许就是碰巧一整天运气都好，或者天赋异禀能够完成这些任务（并没有用其他任务测试他们的天资）。当人们可以自动完成某项任务时，就无须真正耗费精力，因此可以专心地干其他事情。这当然需要更深入的研究，想想社会如何演变才会改变人类执行多重任务的能力，这真是一件非常有趣的事。社会演变是一个很缓慢的过程，所以证实上述观点可能会非常困难，甚至压根儿不可能。

当然本章的研究成果也很容易被断章取义，以此预测人类社会的未来暗淡无光。但并无证据表明因为现代生活中的各种分散注意力的事物，人们就变得更加愚笨。另一方面，若想长久保持注意力，处理多重任务确实是一个问题。社交媒体的兴起带给人们更多需要进行多重任务处理的可能。而且相比过去，人们现在有可能进行更多多重任务处理。然而，人们现在还没有获得足够的硬数据。直到此时，人们仍要利用已知的知识处理事情而且需要牢记人脑的有限性。下次看到一条引人注目的关于多重任务处理的标题时，一定要记得：虽然人们比以往更倾向于此，但这并不意味着多重任务处理总是一个问题。积累注意力的相关知识会帮助人们在同时处理几项任务时做出明智的选择。至少，这将帮助布莱恩·卡利南在奥斯卡典礼上不犯同样的错误。

第三章

信息发送者：你如何吸引他人的注意力

设想一下，你在冰面上保持平衡，等待发令枪响。体育场里的观众都屏住了呼吸。成千上万个小时的训练、减轻体重、营养饮食和精神上的准备都只为这一刻，都只为这个目标：奥运金牌。发令员宣布："预备"，紧接着是一阵寂静，最后终于迎来发令枪声。这一刻到来了。

速滑、田径、游泳等诸多运动都使用上述预备过程。这种预备过程有些奇怪，许多科学出版物已揭示这种预备过程很不公正。事实上，某种程度上来说竞赛结果在速滑运动员开始跑第一圈之前就已经注定了。想要充分理解该现象，我有必要先解释一下“唤醒”这个概念，唤醒指的是中枢神经和自主神经系统的活跃程度，换句话说就是人们保持警觉的程度。昏昏欲睡时，觉醒度较低；焦虑不安时，觉醒度较高。觉醒度影响反应时间，即觉醒度越高，反应越快。

这就是预备过程的不公平性所在。速滑比赛中两人一组进行对抗，而比赛最终结果按所有参赛者的成绩排名。这意味着他们并非同时开始。速滑预备过程与 100 米短跑等其他运动不同，发令员在扣下发令枪前可自由决定中间的间隔时间——通常是 3.5—5 秒。然而，速滑运动员并不知道在发令员喊“预备”之后还要等待多久，这就存在一个问题：人体并不能长期保持高度唤醒。听到“预备”声响起，运动员的身体就做好了冲出去的准备。等待发令枪响的时间越久，身体觉醒度下降越大。诸多实验已经表明人体觉醒度高，反应速度快，所以等待时间越长，反应速度越慢。

关于唤醒和注意力这个话题，我曾做过一次讲座，讲座结束后前荷兰奥运速滑选手贝奥恩·尼延胡尹斯走过来，说我所讲述的关于唤醒的观点与他自己关于速滑预备过程的观点很相似，因此我决定深入研究这一现象。他感觉动作缓慢的发令员（打响发令枪的人）会让他处于劣势，但他无法证明这一点，而我的讲座正好给了他一种可能的解释。我原本对“唤醒”带给运动员的影响表示怀疑，因为我知道诸如温度、冰的质量等因素造成的影响远比唤醒这类小事造成的影响要大得多。但我们决定与同事爱德温·达尔马提亚合作，进一步研究该现象。事实证明这是一件非常棘手的工作，我们首先分析了2010年温哥华冬奥会男女500米速滑比赛的片段，利用电视转播的音轨来确定发令员喊“预备”和发令枪响起的间隔时长，把这一时间精确到毫秒。研究发现，间隔时间越长，运动员完成比赛的时间越长，无论男女。所以，发令员发出开始信号越慢，速滑运动员速度也越慢。

应该指出的是，我们并不是在讨论起跑时间之间的差异——并不是发令枪响与速滑运动员冲出跑道之间的时间间隔，而是在讨论这些运动员实际结束时间。毕竟，金牌和银牌之间仅相差几毫秒。2014 年索契奥运会两场 500 米速滑比赛，金牌和银牌获得者仅相差 0.01 秒。温哥华奥运会速滑运动员开始时间每相差 1 秒，其比赛结束时间会增加 0.17 秒。这种影响微乎其微，但对于每毫秒都至关重要的体育比赛来说，0.17 秒足以对比赛结果产生巨大的影响。若预备声与开始时间的间隔碰巧比下一场比赛的间隔短，即使相差甚微，你都占据了一种先天优势。

速滑运动员在预备过程中觉醒度会降低，日常生活中我们也时常经历类似的过程。人们不可能一整天都保持高度警觉，否则人们该变得多么紧张。从前两章中我们已经知道执行多重任务并不是一种高效的工作方式，但由此带来的问题是，在开始出错或反应速度变慢之前，人们专心于一项工作能坚持多久？这个问题在实验心理学历史上占有重要地位。“二战”期间军方越来越想了解士兵是如何工作的，比如军方想知道雷达操纵员的最佳工作状态可以保持多久、飞行员可以无失误飞行多长时间，这就促进了实验心理学的发展。本章将要讨论的诸多信息都可以追溯到“二战”时期。

保持注意力集中你可以坚持多久

很多职业都要求工作人员注意观察，如海关人员、质检人员、救生员等。你不要小瞧桥梁管理员的工作，开关桥梁是一项遵守标准规定的日常任务，但有时也会出大乱子。2008 年，荷兰弗莱福兰省，57 岁的桥梁管理员因一起严重的交通事故被告上法庭。该事故发生在纳赫勒大桥，吊桥升起后一辆汽车坠落水中，64 岁驾驶员溺亡。据公诉人陈述，该管理员当时没有留心周边情况，以致关键时刻犯下错误。当驾驶员意识到大桥另一端卡口已关闭时，她早已驶过第一道卡口，然后她开始惊慌失措地调转方向，然而身后的大桥此时正好打开，汽车在吊桥连接区域坠落水中。管理员称他既没有在卡口之间看到此车，也没有注意到该车正试图掉头离开大桥。管理员当时正忙着联系一艘即将驶入的轮船，他们的联系遇到一些困难，这意味着他注意力转移的时间比平时长一些。在详细调查后，考虑到桥梁的设计、涉事车辆的颜色以及管理员正努力与即将驶入船只取得联系等因素，法庭宣判桥梁管理员无罪。法官认为管理员并没有“过度粗心大意或完全无视正在掉头的车辆”，所以宣判对他的所有指控不成立。

众所周知，工作人员在某一岗位工作的时间越久，发生意外事故的概率越高。因此，为降低类似事故发生的概率，了解桥梁管理员注意力高度集可以保持多久至关重要。认知学家诺尔曼·麦克沃斯在 1948 年发表了一篇文章，论述了雷达操纵员无法发现雷达上出现的目标与换班间隔时间长短直接相关。为阐释该联系，他进行了一组实验，要求测试对象在两个小时内紧盯一个闹钟表面，这个闹钟没有数字，只有一个小圆圈绕着表面匀速运动，速度差不多每秒一圈。这个小圆圈有时会轻微跳动一下，测试对象此时必须对此做出反应。半小时后测试对象开始出错，而且随着实验进行，出错量呈稳步增长趋势。

不管某项活动多么令人兴奋或具有挑战性，人们全神贯注于该项活动的时间长短是有限度的，并主要取决于活动的难度。在麦克沃斯实验里，指出圆圈跳动并不简单。所以，可以设想一下，若圆圈跳动时伴随着一声巨响，测试对象肯定可以圆满完成两个小时的测试。我们注意力何时会下降取决于需要识别的信号：任务难度越大，保持警觉性就越重要。

麦克沃斯实验中测试对象的觉醒度逐渐下降。我不知道你们是否曾参加过心理学实验，但若如麦克沃斯钟表实验一样无聊，你们一定会发现自己的警觉度会慢慢地下降。为完成博士论文的部分调查，我曾长时间待在地窖里进行非常无聊的眼运动实验。借助眼动仪监测器，我可以看出随着实验的进行，测试对象的瞳孔逐渐缩小而且眼睑开始下垂。在休息时间我会敲一敲隔断墙以叫醒测试对象，然后与他们聊几句，这往往能让他们重新打起精神。

若参加过体育竞赛或做过演讲，你也许会非常明了觉醒度与个人表现之间存在很强的关联性。觉醒度低，你就不会感觉紧张，个人表现也会不佳。一定的紧张感可以使人们表现出众，但人们只能承受有限的紧张感，觉醒度过高会导致压力，而压力也会对一个人的表现造成消极影响。罗伯特·耶克斯和约翰·多德森最先发现了这种关系，然后用他们的姓氏确定了该种联系：耶克斯－多德森定律。该定律可以告诉我们，在注意力集中时，觉醒度达到多高可确保最佳表现，因此该定律极其重要。

该定律是依据实验而得出的结论。在实验中，老鼠需找到唯一出路逃离迷宫，走错路时会被电击，这样做是为了弄清楚多大力度的惩罚能使老鼠以最快的速度记住路线。电压提高越大，老鼠学习速度越快。但是老鼠能承受的电击是有限的，超过一定电压，老鼠的学习速度就会开始降低，直到它们最终因害怕遭受电击而僵硬不动，它们甚至会忘记没有电击的安全区。

觉醒度过高或过低都不利于个人表现。觉醒度过高会导致注意力只能关注压力从而不能关注目标任务。很多心理学书籍都用图 3-1 来描述觉醒度与个人表现之间的关系，但最初的耶克斯 - 多德森定律更加详细。该定律区分了简单任务和复杂任务，但它只适用于复杂任务。事实上，觉醒度越高，人们处理不需要太多认知技能的任务时表现越好。耶克斯和多德森区分了简单任务和复杂任务，但并没有说明决定任务简单或复杂的因素。然而，最近的研究表明，复杂任务需要

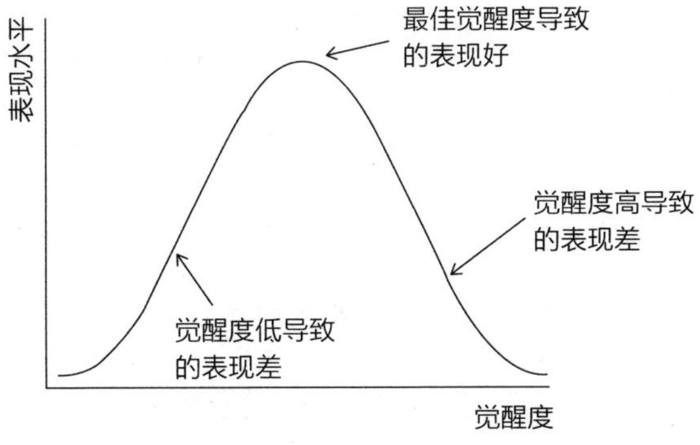

图3-1

前额皮质的注意力，而且压力过大会对执行复杂任务的表现造成消极影响，尤其会占用大量的工作记忆。

想提高员工的表现，激励他们是重要手段，这样做不仅可以提高他们的觉醒度，而且能最大程度上降低压力。当然，每个人承受压力和最佳表现之间的临界点不同——有些人在面对迫在眉睫的最后期限时表现得更好，有些人则不然。但总有那么一个临界点，自此我们的表现会变得糟糕（这也适用于那些有拖延症的人）。压力过大是每个人都要面对的问题。我在做演讲前会感觉有些紧张，但我知道它会使我发挥得更好。然而我开始演讲时，有时会“如鲠在喉”说不出话，这是因为我太紧张了，思路混乱，张不开嘴。网球运动员到赛点时，有时正是因为压力过大而僵在那里；一些足球运动员在重要的比赛中，也会因为压力过大而罚失点球。大部分人或许也经历过耶克斯 - 多德森定律的另一面：不把任务当回事，工作效果也不好。同样，学习时不能保持应有的警觉将会影响理解信息的能力。

金鱼集中注意力的能力比人类强吗?

当今的互联网上充斥着各种信息，有的声称由于过度进行多重任务处理，日常接收信息量过大，我们集中注意力的能力日益降低。最流行的说法之一是人类集中注意力的持续时间比金鱼还短。此观点源于 2015 年春加拿大微软公司发布的一篇文章，声称在过去几年间人类的注意力持续时间因新媒体的出现已经大幅缩短。该文章声称 2010 年我们的注意力持续时间是 13 秒，而到 2013 年已降至 8 秒，仅比金鱼多 1 秒。这篇报道引起轰动，甚至被发表在《时代周刊》《卫报》《纽约时报》以及数不清的市场营销号和教育博客上。该观点一直在媒体间流行，现在“注意力持续时间”甚至已经成为维基百科里的一个词条。

可以说，该观点十分惊人，甚至很多人认为这是很有可能的。但该观点是真的吗？遗憾的是，网上已经找不到此项研究，所以我无法在本书中直接引用这一观点。然而，为何在网上找不到相关研究也很好解释，即该观点本身就很荒谬，且没有任何科学事实为依据。例如，该研究并没有对注意力持续时间进行测量，其支撑数据来源于一家名为“统计大脑”的不知名网站。该网站声称自己的数据来自美国国家医学图书馆的国家生物技术信息中心，然而，该中心断然否认了这一说法。

整个事件最终被证实是微软公司的一次市场营销策划——向广告商展示自己能够轻松地吸引消费者的注意力。遗憾的是，媒体上钩速度如此之快。也许这一说法很难从公众印象中消除，就像难以消除“我们只开发了 10% 的大脑”或者“左右脑分工完全不同”等类似的谬传。这篇关于金鱼注意力的报道完全是胡说八道，所谓的“研究”与注意力根本无关，仅涉及了金鱼的记忆力。当然，金鱼的记忆力实际上也根本没有那么糟糕。事实上，金鱼经常被用来模拟人类的记忆系统，而且它完全有能力回忆起数月前的捕食地点。因此，微软的言论可以被扔进垃圾箱里。

上课时的注意力持续时间

想要有效学习，必须注意力集中。如今老师面对的挑战之一就是如何让学生在课上保持专注。荷兰大学每节课时长为 90 分钟，中间休息 15 分钟，而学生很难在课上一直保持注意力集中。我经常利用课上 15 分钟左右的时间向学生展示课上注意力曲线（如图 3-2）。X 轴代表上课时间，Y 轴代表学生课上注意力水平。如你所见，注意力水平在开始不久达到峰值，然后随着时间推移逐渐下降，最后又有所回升，而注意力水平回升是因为学生知道快要下课了。该图仅是我自己用一种幽默的方式来叫醒学生，毕竟没有任何证据证明该图的内容是正确的，尽管这种现象在当今的课堂上很常见。

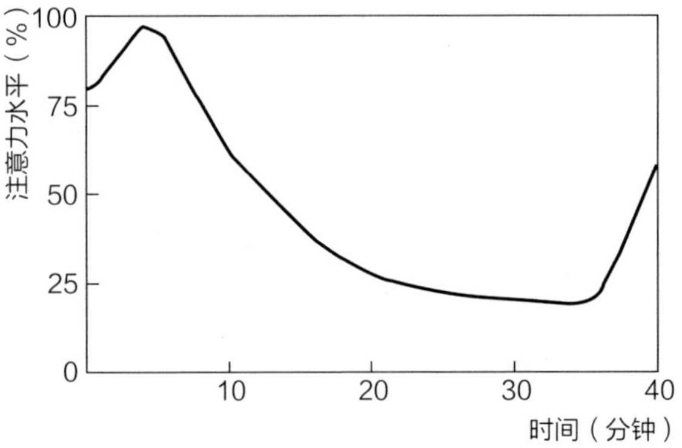

图3-2

心理学家凯伦·威尔逊和詹姆斯·科恩通过一项研究对课上注意力曲线的观点提出质疑。他们多次声明，正常来说上课 10—15 分钟以后学生的注意力就开始下降。两位心理学家认为虽然上课期间学生的注意力水平一定会存在巨大差异，但上课时间长短并不是唯一的因素。

不管喜欢与否，我们都是信息的发出者，例如上课或做演讲。为了使他人理解你的信息，你必须确保信息接收者集中注意力。在充满诱惑的世界，这可是一个巨大的挑战。这意味着信息发出者要比以往更加关注信息的内容。相比一个无聊的故事，有趣的故事能更长久地吸引别人的注意力。信息发出者也要确保接收者把信息放在首要位置，并为此集中注意力。在智能手机不断收到新消息的时代，这太难了。但我敢打赌，我们都可以说出一名老师或电视节目主持人的名字，这些人能让我们为了不会错过他们讲的每一个字而心甘情愿地扔掉手机从头到尾聚精会神地听他们讲话。

用分、秒来描述注意力持续时间的想法是愚蠢的。毕竟，一个人注意力的持续时间主要取决于所接收信息的内容，比如大部分人都可以连续几个小时看电视剧，或专心致志地读一本扣人心弦的书。此外，注意力持续时间也取决于任务的重要性、难易程度和趣味性。很多流行观点都是完全错误的，例如小视频时长不应超过两分钟等。你要做的就是确保视频足够有趣，内容符合观众的利益。在不同平台这些都存在差异，油管（YouTube）平均观看时长是 870 秒，而脸书仅有 81 秒，这是因为二者的特定受众不同。人们愿意使用脸书来快速搜索来自关于朋友的信息，或消磨短暂的休闲时光。而想了解某一科目、听听视频博主东拉西扯或观看一部纪录片时，我们愿意优先使用油管。观看时间长短与注意力持续时间无关，这仅是个人选择的问题。经常有人建议你在最短时间内提供最多信息，这与信息发布的平台及信息质量有关，而非接收者的注意力持续时间。当今可供我们选择的信息量越来越大，确定重要性顺序就显得愈发重要。很久以前，电视只有一个频道可以看，节目制作方不需要花费大力气就可以确保观众收看节目。如今有无数频道和信息可供选择，注意力就是迫使我们不断做出选择的机制。设定事物的优先顺序，我们、朋友、金鱼都是这样的。

休息的重要性

信息的发送者必须利用尽可能有趣的方式提供信息，这样就可以吸引接收者的注意力，并让他们保持较高的觉醒度。观看网飞电视剧时这种情况可以维持数小时，但学习有难度的学习材料时，不论老师或作者解释得多么透彻，这种情况都不可能发生。一方面，我们知道自己不能无限期地专心致志处理一项困难的任务；另一方面，我们也意识到总在不同任务间转换会带来转换成本，学习和工作效果都较差。所以，该如何处理这种显而易见的矛盾呢？

解决方法在于如何选择合适的转换时机，已有实验充分证明这一观点。一个实验专门研究了上课期间发送短信对注意力造成的影响。该研究表明发送短信最多的学生在课后的记忆力测试中得分较低（相差10%），同时也表明学生接收信息与回复信息的时间间隔影响了分数差异。即使发送信息数量相同，相比立刻回复信息的学生，那些回复信息较慢的学生反而能记住更多课上所学知识。这种记忆差异来自回复信息的时间长短。回复信息较慢的学生在等待适合回复信息的时刻，这时回复信息并不会严重干扰他们听课。总的来说，他们选择在合适的时间发送信息。所以，转换任务可能是一个不错的主意，但必须是你注意力开始下降的时刻。

我曾拜访过一组工作中的桥梁管理员，他们向我咨询在控制室上班时该如何处理手机。为了降低事故发生率，工作时间应该禁止携带手机吗？我认为不应该，这只会造成大规模抗议。我是基于上述研究结果给出的回答。这些研究结果证明，实施“休息时浏览电子产品”是有益处的——工人和学生在注意力集中的特定时间后可以浏览或回复信息。在不影响听课或导致工作中出错的情况下，仅仅知道你将很快有机会查看信息就能使你冷静，注意力集中。工作学习时你可以远离数码世界，全神贯注地关注身边的现实世界。“休息时浏览电子产品”的额外优势可以使你在一天剩下的时间里精力充沛，这与忙碌中抽出时间喝杯咖啡休息一下的效果相同。对很多人而言，没有什么比小憩时浏览一下推特或脸书更享受的事情了。选择去室外抽烟的工人通常一边抽烟一边刷手机页面，所以对于不抽烟的人而言，休息时浏览电子产品就犹如那些人休息时抽烟放松一样。

休息时浏览电子产品能让自己放松，对上课、工作和学习都大有裨益。你所需要做的就是把手机放在另一个房间，以确保你在需要集中注意力时不会被干扰。我们都知道很多人免不了受新信息的干扰，而此方法使你在集中注意力一段时间后，想到马上就能看手机新信息这个潜在激励，能再次提高觉醒度水平。我可以很轻松地说出所谓最佳的高度集中注意力的时间，比如 20 分钟，但我不想再像数不胜数的伪科学自助书那般犯同样的错误。若简单地规定注意力集中的时间就太武断了，因为个体集中注意力的时间长短和每项任务所需的注意力程度相差甚大。所以，集中注意力的时间取决于个体能够在多长时间内保持注意力集中的最佳水平。

这种方法能够奏效的关键在于，休息时浏览电子产品的时间不宜过长，但这对我们来说是一个巨大的挑战，因为设计社交软件的目的就是尽可能持久地吸引我们的注意力。这些软件通过不断提供一闪即逝的信息来维持用户高度觉醒，所以要尽量缩短休息时浏览电子产品的时间（可以定闹钟），就像休息时喝杯咖啡一般不会超过 15 分钟，然后精神抖擞地继续工作或学习。一些研究表明，1 分钟的休息也会产生积极的效果。

即使我已经尽量避免在本书中介绍任何特定的训练项目，但本书中关于注意力的课程确实起到重要的作用：学会如何提高元认知水平。上述研究中，等到合适时机再回复信息的学生正是意识到了注意力的价值，而这正是元认知所涉及的内容——了解认知本身、认知技巧和能力。了解注意力的价值和注意力分散的潜在后果有助于我们更加有效地集中注意力。

我们应该学习更多有关注意力方面的知识，而不是在教室和工作场所禁止使用新媒体。应该让大家意识到在特定时间内集中注意力的价值，然后找到实现自己目标的最佳策略。过去学生无聊时望着教室窗外的风景发呆，现在他们可以利用工具保持警觉。因此，解决学生一心多用这个问题绝不是靠创造一个无干扰的真空环境，而是靠真正利用任务转换使人精神焕发。已有无数例子证明，充分利用学生的手机或电脑可以让他们专心完成手边的任务。例如，上课时给他们发送问题或邀请他们参与投票，这种方法至少可以唤醒一群昏昏欲睡的学生。

任务转换有助于保持警醒，这个结论已被加利福尼亚大学的一项研究证实。该研究监测 48 名学生的一周活动，所有的测试对象都配有追踪心率和记录电脑活动路径的传感器。

相比在电脑会话中处理多重任务较少的学生而言，一心多用的学生心率更快。虽然这只是一个相关性研究，但有一个现象非常有趣，值得关注，当所有测试对象仅登录社交媒体而且不进行其他活动时，心率都较低。放松和社交媒体之间似乎是相互联系的，而且存在两种不同的结论：一，社交媒体带来的愉悦使心率较低；二，我们愿意靠社交媒体度过休息时刻。在桥梁管理员一例中，长时间工作后，靠社交媒体放松几分钟可能会带来有益的效果。

信息发送者的责任

为保证沟通顺畅，信息发送者和接收者都应遵守一个无声的协议，即发送者尽量清楚、有效地表达信息，接收者则对此信息给予关注。该协议由信息双方执行。在充斥着各种信息的现代世界里，这个协议比以往任何时候都更加重要。

发送者通过维持接收者高水平的觉醒度保证其关注信息，这样的话，信息接收者就不易因其他事物，如智能手机的影响而分散注意力。欲达到此效果，方法之一就是，在接收者注意力可能开始分散时，发送者要确保提供多样化的信息。

我已经学会上课时用多种方式提供信息。我不仅知道学生很难在 45 分钟内聚精会神地听同一个故事，也清楚自己与学生触手可及的电子产品之间存在激烈的竞争。解决此问题的方法就是参与竞争，并且抓住适宜的时机改变策略。例如，讲完一个晦涩的理论后，我通常会播放与刚才所讲内容相关的视频。也可以采用其他的方法，比如让学生在网上就某个特定的话题进行投票，或让那些参与现场心理学实验的学生进行一场简短的表演，这可以使信息发送者能够控制自己的转换时间，并保证学生的觉醒度（以及注意力持续时间）保持在高水平。

这种信息转换方法的效果通常被比作奶酪拼盘。尽管我们吃完一顿四道菜的大餐后会觉得很饱，但仍想在正式结束用餐前点一份奶酪拼盘大快朵颐——香甜松软的奶酪和咸口坚硬的奶酪轮番登场。若只上一种口味的奶酪，食客很快就会吃腻，但若能提供各种口味奶酪的话，他们能一直吃下去。很多电视脱口秀节目也采用同样的方法：先进行严肃认真的采访，然后插入一些轻松愉快的内容，比如几段滑稽的小视频，最后播放音乐。这些采访中通常会插播一些与话题相关的素材，观众甚至没有时间思考要不要换台，因为节目直播的内容太丰富了，不用换台也可以看到不同的内容，而且节目内容不断转换，观众会一直保持注意力集中。各种交流都可以采用这种策略：书面交流、剧院里聊天以及严肃的交谈（在交流中随口讲个笑话以缓解紧张的氛围）。

为了顺畅地交流，你可以观察多动症儿童利用注意力的方式，并从中获得灵感。他们通常很擅长专心致志地打游戏，却不能聚精会神地做作业。科学家试图探究这些孩子是否与那些正常儿童一样擅长在索尼游戏机上玩游戏。在该实验中，与那些正常儿童相比，患有多动症的儿童在标准注意力测试中得分更低，但大家在游戏中表现得同样出色。当然，打游戏与执行一项旨在测试注意力和工作记忆的标准任务还是有很大不同的。

电子游戏的目的是完全吸引玩家的注意力。获得的分数有很强的激励效果，而游戏本身也与玩家所看到的世界接轨。电子游戏速度很快，玩家根本没有时间休息。这样玩家就没有时间或空间思考其他事物，他们的工作记忆也可轻松地记住特定任务，因为任务本身的特点就足以确保玩家一直全神贯注。

电脑能那么吸引人也是出于同样的原因，使用电脑时你往往会把它直接放在眼前，这样的话你就不会因其他视觉信息分心。大脑的视觉皮层不断输送新的视觉信息，电脑屏幕几乎遮挡了所有视野，轻松就吸引了你的注意力，使你注意力集中。你尝试过跟正在全神贯注打游戏或用电脑看电影的孩子交流吗？根本行不通。难怪患有多动症的儿童在使用电子产品时也表现得很出色。

对于过度活泼儿童的学习计划，以及在外部强烈刺激下进行的信息传送，给关于多动症儿童的研究带来了有益的灵感。研究结果表明，传送信息的好办法就是对信息接收者进行“信息轰炸”。换句话说，若想把信息传递出去，就要确保绝对没有其他信息可以分散接收者的注意力。你也可以利用游戏设计师钟爱的各种激励技巧：对玩家的表现给出及时的正面反馈，使用多层级别来激励玩家达到下一级，并承诺更好的还在后面。谁知道将来某一天凭借这种方式会诞生多少位奥运金牌得主呢？

第四章

信息接收者：如何提高自己的注意力

美国心理学家伯尔赫斯·斯金纳认为注意力可以被训练，这就好比训练狗听到铃声就开始分泌唾液一样。斯金纳的研究追随了巴甫洛夫的脚步，最终成为行为主义心理学的创始人之一。斯金纳最伟大的成就是发明了“斯金纳箱”——研究操作性条件作用的工具。放进斯金纳箱子里的动物正确执行任务后，通常会自动获得食物作为奖励。通过该实验，我们可以了解动物是如何对奖励做出反应的，以及怎样才能学会把某种活动与可能获得奖励联系起来。

斯金纳不仅是一位发明家和心理学家，同时还是一位非常高产的作家，一生出版了 20 本科普书、发表了无数的文章。为了能够努力工作，他自己使用了行为主义心理学中的技巧，比如操作性条件反射。他每天早晨听到铃声后开始写作，希望能创建铃声和注意力之间的联系。斯金纳似乎是要训练大脑一听到铃声就自动开始集中注意力。

事实上，斯金纳早晨开始写作前就已经按惯例做了很多事情。他每天准时起床，早餐总是一碗玉米片，每天早晨都要阅读报纸和几页字典。然后，准时去书房开始一天的工作，桌上始终摆着同一款台灯，手边放着同样的书籍，打开台灯，设定闹钟开始记录工作时间。似乎这么做还不够，他还会记录自己的工作量，每过一段时间就会数数自己所写单词的数量，就如斯金纳箱记录测试动物的行为一样。

很明显，斯金纳喜欢记录事情，而且很多人认为他对行为主义研究的科学性做出了极大的贡献。铃声是他形影不离的伙伴，即使在事业后期，一旦夜晚铃声响起，他仍会伏案写作 1 小时。直到正式退休后，铃声还按惯例响了好久。事实上，斯金纳从未停止过工作。他每周工作 7 天，全年无休而且从未度过假。斯金纳于 1990 年去世，享年 86 岁，就在去世的前一年，他出版了他最后一本著作。

斯金纳对待注意力的态度跟他对待实验一样严谨，仿佛一生都在他自己的斯金纳箱里。同样的铃声，同样惊人的工作量。许多人在开始长时间集中注意力之前都有自己的习惯。荷兰著名作家哈里·穆里施每天早晨都做同样的事情：咖啡里加入一勺奶、一勺糖；饼干上抹橘子酱。即使在不需要出门的时候，穆里施也总是穿得整齐干净。他每天都在固定的时间停下手里的工作吃午餐（一颗水煮蛋），下午会沿着相同的路线散步，然后结束一天的工作。他工作时总是有条不紊的。但并非每个人都这样，例如钢琴家弗里德里克·肖邦常连续几天把自己锁在屋里，创作不顺利时会悲愤痛哭，而他所有的努力都是为了分析和完善所写的音符，据说创作出一页令他满意的乐谱需要 6 周。

名人大家日常生活中这样的习惯还有很多，若阅读一些有影响力的作家、画家和作曲家的自传，你肯定会发现更多不同的习惯。你当然可以把工作前削铅笔和设置铃声看作是一种拖延症，但有时这种习惯正是你集中注意力所需要的。事实上，我们都有把大脑与注意力联系起来的启动铃声。尽管有很多灵感总在半夜突然闪现的故事，但精彩的书和精美的画卷都是长期努力和注意力高度集中的结果。

人们集中注意力时为什么会消耗大量的精力

习惯为什么对集中注意力如此重要？你可以把集中注意力之前的习惯看成运动员在重要赛事前的准备活动。放空大脑，排除一切干扰至关重要，此时你需要活力满满。就好比要赢得一场比赛，长时间集中注意力需要耗费极大的精力，但此刻主要靠大脑完成这项任务。为更好地理解这一点，我们需要了解集中注意力为什么会消耗大量的精力。现在我们对大脑中注意力的运行过程十分了解，但说来也奇怪，大部分与之相关的知识都来自对我们注意力分散时活跃过程的研究。

大部分实验都会利用脑部扫描仪，如核磁共振或正电子发射断层扫描仪等，检测人们执行特定任务时大脑的激活模式，这有助于识别执行任务的脑细胞。过去几十年里最重要的一项科技突破就是发现了大脑的“默认网络”，即休息时活跃的脑部区域网络。这是非执行任务的大脑状态，换句话说，没有工作记忆。截至2020年，我们讨论的基础都是我们的注意力容量是有限的，不同任务在不停地争夺这有限的注意力。然而，我们一天中大部分时间都在做那些不需要任何注意力的事情。淋浴、沿着固定路线骑车上班，都是默认网络活跃的例子。

有必要好好了解一下“网络”这个术语。你或许已经习惯性地认为大脑是由几个不同区域构成的器官，而每个区域都有各自的分工。例如，大脑额叶负责执行功能，枕叶负责基本视觉感知。然而，现在神经科学家倾向于认为大脑是由网络而非区域构成。一些功能并不是固定在大脑的某一部分，而是通过激活相互关联的不同部位的网络来执行。想想国家的道路交通网，每个城市都独具特色，但国家整体运行能力主要取决于从一个城市到另一个城市交通的运行速度。连接各个城市的公路就如同大脑不同区域间进行沟通的神经通路。

了解到这些知识后，人们不再认为神经紊乱仅影响大脑的一部分区域（与一些语言障碍不同，比如发音障碍可以追溯到大脑中具体的某一位置），而是影响网络内部的交流。一些神经通路消失时会出现沟通障碍，这意味着神经元高速路的条件变差，信息的传播速度开始变慢。神经系统疾病，如阿尔茨海默病的并发症，是由存在于特定神经网络之间的沟通障碍造成的，而非局部问题。以阿尔茨海默病为例，沟通受阻的方式与其他类型的痴呆不同。未来，医生或许可以利用相对简单的方法来甄别痴呆类型，他们通过测量脑波可以判断大脑不同部位之间的沟通状况。

现在接受脑部扫描仪检查时，测试对象只需躺着，不用做任何事，因为科学家可以通过这种静息态的方式来了解休息状态下大脑区域的互相沟通情况。测试对象不执行任务并不意味着其大脑处于非活跃状态。大脑在各组神经元中展示出自发的激活模式，把这些模式相互联系起来，就可以甄别出不同的网络，并且能知道脑部哪些区域可以相互联系（联系的紧密程度）。例如，我们早就知道人类左右脑都有负责控制行为的区域，但后来才发现这些区域借助穿过整个大脑的神经通路而互相紧密相连，因为我们发现这些区域在休息状态下表现出同种类型的自发活动。

脑电图是一种用来记录脑电活动的监测方法，其发明者汉斯·伯格于 1929 年发表声明说，研究证明测试对象不再执行任何任务时脑电波并没有停止运动。他的观点当时并没有受到重视，直到数年后，人们才相信无论是否执行任务，大脑（至少大脑的一部分）一直处在活跃状态。直至 2005 年，人们才证实伯格的观点是正确的。同年，圣路易斯华盛顿大学医学院的马库斯·雷切尔发现，与不执行任何任务相比，大脑在执行一项任务时要多消耗 5% 的精力。

雷切尔能发现默认网络很幸运，因为这项成功的发现得益于另一个失败的实验。在标准神经控制方法中，将执行任务的活动（比如辨别一个字母是元音还是辅音）与控制情景中的活动（比如测试对象只需要看着字母）进行比较，从控制情景的活动中“去除”执行任务的神经活动，这样我们就可以找到参与任务的大脑区域。控制情景必须尽量与实验情景一致，以便在你做完减法后只留下与任务相关的活动。

然而，在非常简单的实验中，雷切尔发现很难想出一个合适的控制情景。因为没有好办法，他仅在测试对象不需做任何事情的情景中进行测量，随后进行减法操作。令他十分震惊的是，他发现网络在执行任务时反而会变得更加不活跃。反复进行几次测量后发现结果相同，即大脑中的某些部位，如后扣带回皮层，在活动过程中活跃度都会下降。他意识到自己偶然获得了伟大的发现：大脑活跃时网络的活动等级会下降。人们后来证明，在进行神经测量的所有可见网络中，这个网络一直存在，由此产生了术语“默认”。默认网络包含大脑里许多前额和颅顶骨区域，而且从结构上来说，这些区域彼此之间相距甚远。该发现引发了一场革命，截至2007年，仅有12篇已发表的科技文章中提到了“默认网络”一词，但2007—2014年提到该术语的文章数量达到1384篇。

注意力水平下降时默认网络会再次变得活跃起来。大脑不能同时维持两种状态，而只能是其中一种，要么处在休息状态而默认网络活跃，要么处在活跃状态并能执行任务。这就是集中注意力会消耗大量精力的原因，即大脑不仅要忽视外部世界的刺激而且要抑制默认网络中的活动。执行特定任务时的表现与默认网络的活动存在关联性——默认网络抑制得越好，执行任务时表现就越好。但默认网络有什么用？若需要花费大量精力才能抑制默认网络，该网络一定会对某些事情有好处，对吧？

走神怎么会对注意力集中有好处

希望你阅读本书时还没经历过走神，但你或许会对此现象非常熟悉——看书时突然陷入走神，双眼在文字之间来来回回地游移，却不知道自己读的内容是什么。相反，你满脑袋都是计划中的旅行或你昨天已经结束的讨论，在意识到自己走神之前，你已经读到这一页的末尾却不知道读了什么内容。走神通常不会出现在章节开头部分，而是很可能出现在中间部分（也可能从章节开头就已经出现），因为此时你已经有些疲惫了。但不要担心，很多人都会遇到这种情况。

对待“走神”现象科学界极其认真，准确点儿说，可称之为“出神”。如同对默认网络的研究一样，人们对走神的研究也非常感兴趣，并且这也不是一个偶然事件。人们发现走神时的神经活动与默认网络的活动高度相似，而且进行神经测量时的控制情景也与“走神”相似。大脑在控制情景中不执行任何任务，所以我们开始走神，任思绪纷飞，把不同的记忆都串在一起。美国哲学家、心理学家威廉·詹姆斯曾做出过一个非常著名的描述：我们的思绪是一股四处纷飞的意识流，时而强大时而虚弱。沉浸在走神中可以让我们原以为已彻底忘记的记忆重新浮现在脑海中，或者你会突然意识到自己忘记了某个人的生日，而你在全神贯注工作时绝不会想起这些事情。正如在执行任务时默认网络处于休息状态，我们不能既走神还在做一些复杂的事情。

我们想要聚精会神时，走神总会伺机而入，一场无聊的讲座或会议，或者因疲惫而导致的注意力不集中都会让人开始走神。讲课时我发现，有时很难分清哪些学生在走神、哪些学生在认真听课，当然除了那些盯着窗外看的学生。走神的内容很丰富：制订未来的计划、替他人着想、回想某特定情况下自己的作用。走神就是随心所欲地放飞思想，或思考某一事件的长远影响，然后突然意识到自己已经错过约会了。

事实上，我们醒着的时候有大量时间都是在走神。哈佛大学的科学家研发出一款应用程序，用以了解测试对象在一天中的某个特定时刻在做什么，该方法称为经验取样。实验中，测试对象会被询问在特定时刻是否开心。科学家还在收集更多的数据，但高达 2250 名测试对象参与首次研究，所以科学家已经获得了大量的数据，大概 25 万份。

该研究表明，测试对象一天中有 47% 的时间都在走神，而不是专注于本应完成的任务。当测试对象说自己正在想目标任务以外的事情时，他们会被询问是否感到开心、平淡或是难过。后来，该文章发表在《自然》杂志，而且其标题“走神时人们并不快乐”足以令人惊讶。测试对象说，与执行任务相比，他们走神时更加不开心，因为走神时他们的大部分思绪并不是我们所认为的令人开心的思绪。虽然幻想着在沙滩漫步或欣赏落日是令人愉悦的，但这些情况很可能只是例外，绝非定律。

在追求完美生活的过程中，有些人相信再也不用工作能让自己开心，那这项研究的结果就能给这些人带来很有趣的思考了。虽然对该研究可以有不同的解读（开心是一个相对的概念，很难测量，所选样本并不能代表所有人），但与走神相比，我们在全神贯注地工作时可能会觉得更加开心。在各式各样的放松疗法中都可以看到此观点的影子，他们总是建议人们专心地想当前正占据脑海的活动（因而可以“身临其境”）。人们经常引用上述研究来支持这些放松疗法。科学家的总结简明扼要：“我们的头脑会走神，但走神时我们并不快乐。”在上述研究过程中有了一个意外的发现，测试对象说他们在做爱时非常开心，而且几乎不会走神，如果他们在滚床单时，能用智能手机把这条信息传播出去，那这项研究就能更加引人注意。哦，当然是以科学的名义。

每个人走神的时间长短不一。上学的孩子会盯着教室窗外望向远方，你自己也可能就是一位爱做白日梦的人。基于现在所了解的关于集中注意力的好处，听到走神会给执行具体任务的能力造成负面影响的说法，你并不会感到吃惊。然而，容易走神的人工作记忆容量更小，且在智商测试中得分更低，这一现象让人感到意外。记住，本文中我们只是在探讨走神与智商之间存在一种关联性，即使两者之间存在一种十分紧密的联系，也并不能说明走神会造成智力低下。这并不令人惊讶，毕竟，你需要良好的工作记忆以保持注意力集中。集中注意力时你会抑制默认网络，基于这一事实，同理，注意力分散时默认网络就会被激活，然后你就会开始走神。你可以说走神就是注意力出错的一种情况，而且会让你不太注意周围的环境，这在开车时是十分危险的。走神削弱了你对周围环境的感知力，这又被称为感性解耦，即感官知觉切断与外部世界的联系。

在另一个成功的走神实验中，执行任务过程中的任意时刻，测试对象会被问到他们是否在专心地执行任务或早已走神。实验结果不仅表明注意力减弱时出错率高，而且也为人们提供了一种摆脱走神的可行的办法——对奖励的期待。当测试对象知道若他们表现好会有奖励时，他们不仅会表现得更好而且也不太容易走神。所以你下次想要专心工作时，为了避免走神，你可以承诺工作完成后给自己一个奖励。

与走神有关的都是负面消息吗？一些科学家认为走神也有一些至关重要的作用。例如，若你不那么关注周围环境，那么关心自己并制订未来计划就变得容易得多了。当被问到走神时都在想什么时，很多人会说在想一些私人事情，即自我规划，这会带来很多益处，尤其是你本应专心的任务有的并不那么重要，或不需要全神贯注。

走神还可以把一个极其无聊的任务（甚至比刷牙都更加无聊）变得有趣一些。测试对象在执行一项非常枯燥的任务长达 45 分钟后，会感觉比之前更加郁闷。然而，那些在任务中走神的测试对象并没有过多提及开心程度降低。走神带来的某些潜在作用可能会有助于降低无聊的程度。你可以把大脑当作一台一直工作的机器，如果你无所事事，想消磨时光，你都可以允许自己走神并沉浸在虚构的未来之中。

上文提到的有关走神的作用，近些年来似乎的确发生了一些变化。自从智能手机问世以来，我们似乎再也没有理由感到无聊了，娱乐总是触手可及。这种变化还没有经过科学论证（主要因为无法让时光倒流，实验无法实施），但不难得出这样的结论：智能手机的出现已经使我们不会像以前那样做白日梦了，我们如今通过手机接收到的刺激太多了，以至于现在很难再做白日梦了。事实上，追踪智能手机上的社交媒体是一种介于集中注意力和走神之间的未知地带：你没有专心地执行任务，相反，你在没有采取任何实际行动的情况下，接收了所有的信息和刺激物。也可以说，你也没有走神，因为你必须把所有信息进行加工处理。所以，考虑到走神在日常生活中也起着重要的作用，允许自己偶尔变得无聊而且不玩手机或许是个不错的主意。

走神最重要的潜在功能之一是激发创造力，提出新想法，解决复杂问题，这就是潜意识的力量。一些有关专注和创造力的书籍经常建议读者走走神，让想法自动出现。这个理论认为，当你走神时，你的潜意识会帮你解决问题。事实上，最好把这种事情完全留给你的潜意识去做，而不是用有意识的思维来解决你的问题。这就引出了社交媒体带来的另一个主要问题：我们越来越缺乏创造力，因为我们走神越来越少了。真的是这样吗？毫无疑问，工作中休息一下，稍后回来用清醒的头脑解决问题是个好主意。但是，当你在休息的时候，一大堆无意识的过程正忙着为你解决问题，这种说法你认为如何？

这个关于潜意识力量的说法是基于心理学家艾普·迪克特赫思的研究，在此方面他撰写了大量有影响力的科技书籍和文章。基于我们对人脑的了解，他的发现令人惊讶。演算和推理由工作记忆负责且需要集中注意力，而工作记忆负责汇集全脑信息并提供工具思考这些信息。结合我们能够知道的信息和相关定义，不可能存在诸如“潜意识思考”这种事。毕竟，若“潜意识思考”真的存在，意味着我们拥有跟有意识工作记忆一样强大的“无意识”工作记忆。近几年，迪克特赫思及其同事的发现已经受到越来越多的检验。

不那么聪明的潜意识

迪克特赫思称，做简单的选择时利用意识过程可以得到更好的结果，但诸如买哪种新车这种更加复杂的选择最好交给潜意识来做，这种现象又被称为“无意识的深思熟虑”假说。若想知道自己应该买哪种类型的车，你就开始走神幻想吧，大脑会给你想要的答案，答案会立刻浮现在潜意识中。不言而喻，我们通常会做出不理智的选择，有时也无法找到最佳解决办法，这就产生了潜意识或许更能帮助人们做出选择的说法，而且相当有吸引力。毕竟，工作记忆的容量有限，很难帮助我们解决头脑中复杂的演算。然而，人们仍怀疑潜意识是否具备解决这些演算的能力。

迪克特赫思在一场实验中要求测试对象阅读 4 种不同车的信息，每辆车有 4 种或 12 种性能特征。这些车中有一款汽车的大多数性能良好（很显然是最佳选择），其他汽车性能较差。测试对象在有意识选择情景中，有 4 分钟做出购买哪辆汽车的选择；他们在无意识选择情景中被指导着在 4 分钟之内解决一些智力难题。

该研究结果与无意识的深思熟虑假说一致。当只提供汽车的 4 个性能时，与无意识选择情景中的测试对象相比，有意识选择情景中的测试对象通常更能挑选出性能最佳的汽车。当提供汽车的 12 种性能时，选择难度加大，测试结果正好相反。这证实了无意识选择结果最佳。对宜家（面对琳琅满目的家具时很难做出选择）和知名的荷兰百货商场女王百货（面对各式各样的服装时容易做出选择）的消费者进行的研究也证实了这一结论。在女王百货购买商品时，相比冲动消费的顾客，那些经过深思熟虑的顾客在几周后对所购商品更加满意，而对宜家顾客的调查结果正好相反，冲动消费的客户对所购商品更加满意。

我的语气或许早已透露出我对这些实验结果不屑一顾的态度，这些实验结果不仅以不靠谱的“事实”为依据，而且很难被再现。马克·纽文斯坦于 2015 年带领一队研究人员进行广泛研究以验证是否能得到与迪克特赫思团队相同的结果。迪克特赫思最初的研究只有少数测试对象参与，所以纽文斯坦及其同事决定使用比迪克特赫思团队多 10 倍的测试对象。除此之外，纽文斯坦团队使用与迪克特赫思团队完全一样的汽车性能特征和分散注意力的技巧。即使纽文斯坦团队使用 399 个测试对象的数据为研究基础，他们依然没有看到任何与最初实验相似的结果。他们也分析了其他所有已经公布结果的研究（不管是否支持他们的理论）并得出结论：先前证实该理论的研究测试对象过少，因而研究结果不太靠谱。

这些研究也被一些其他问题困扰。例如，研究人员明显是自己规定了汽车的良好性能（比如汽车配有杯架与燃料效率同等重要），他们让学生来决定哪款汽车值得购买，并给意识情景中的测试对象大量时间来考虑自己的选择（4 分钟考量 16 种性能）。在另外一个类似实验中，测试对象在 30 秒后就可以做出选择，这一时间远低于给定时间，这表明迪克特赫思的实验结果可能受到给定时间过久的负面影响，而且其结果也不是来自利用潜意识做决定的能力。

整个事件揭示了目前影响社会心理学的可复制危机，很显然早期研究结果难以复制。但我想要强调一点，这并非意味着之前的研究都是欺骗（通常这是不公正的指控）。这一切都说明如何实施一项具体的研究仍存在问题，如测试对象的数量，而且任何研究都需要从错误中吸取教训，这也是推动科学进步的最佳方式。就提供更好的方法和统计分析而言，社会心理学现在是做研究的领跑者之一。如果非科学界人士能够意识到很多媒体曾报道过的对创造性理论起着至关重要作用的说法，都可能是不正确的，需要进一步证实，那就太好了。无论如何，我发现与无意识的头脑相比，人们可以凭借有意识的大脑做出更好的选择。不管多么冲动，你都必须经过深思熟虑得出结论，这就是事实。

我也应该指出迪克特赫思仍在捍卫自己的理论，并坚定地认为实验复制失败完全是因为安排的任务不合适。我们最多只能说，他的理论只适应于某些特殊情景。

在我看来，没有证据表明人们休息时大脑可以解决问题。然而，重启一个新的思考过程可以帮助人们从一个全新的角度解决问题。对大多数人来说，思维停顿可以产生积极影响，因而我们经常听说要“先睡一觉”再做出重要的决定。把注意力转换到其他事物上，可以给予你从不同角度解决问题的时间，甚至可以帮助你得出不一样的结论。你有时可能会非常执着于一个细节，而思维停顿可以帮助你停止纠结，回顾整个事件并重新思考。或许你被昨天橱窗里展示的新车颜色吸引，但过了一晚后意识到那种风格根本不符合你的品位。干预期间并没有发生任何神奇的事情，而你仅仅是从一个全新的角度获益而已。片刻的走神可以帮助你恢复精神，就如上一章所提到的，休息时间玩会儿电子产品能帮助你放松。大脑会因为尽力屏蔽所有内部和外部刺激的冲击而感到精疲力竭，那么你应该在思维停顿时做些什么呢？是刷手机消磨时光还是出去散步？

如何再次精神抖擞

作曲家路德维希·A·贝多芬是一位有固定习惯的人。他早餐时会仔细数 60 粒咖啡豆研磨成咖啡，因为他相信 60 粒咖啡豆研磨成的咖啡口感最佳。随后，他去工作并且花很长时间散步。同样在欧洲，哲学家伏尔泰每天下午都会在自己的庄园里开车兜风，而画家胡安·米罗几乎只在西班牙沿海小镇蒙罗伊格德尔坎普工作。

人们能解释为什么诸多哲学家和艺术家都会为了集中注

意力而去探索大自然吗？或许注意力恢复理论可以给出一个合理的答案。该理论不仅认为你所处的环境决定了你注意力集中的程度，而且大自然是实现注意力高度集中的最佳场所，甚至认为身处大自然本身就是一种治疗注意力分散的手段，而且该手段没有任何副作用，还完全免费！

注意力恢复理论的观点是正确的吗？正如我们所了解的，注意力大致有两种形式：第一种是受外界信息驱使的非自愿性注意，第二种是受个人目标和特定时期对个人非常重要的事物所驱使的自愿性注意或集中注意。而且我们知道自愿性注意决定集中注意力的能力，而注意力恢复理论认为在自然环境中散步可以恢复自愿性注意。大自然中总是充满了从本质上来说就非常有趣的信息，比如日落和美丽的景观，而这种信息并不需要自愿性注意采取直接的行动。此外，非自愿性注意在城市环境中总是被人群和诸如广告或车辆等事物干扰，而它在自然环境中的受干扰程度非常低。你在城市中需要耗费更多注意力来寻找道路，屏蔽分散注意力的干扰。换句话说，与在城镇相比，在大自然中散步需要的自愿性注意更少。在大自然中四处闲逛时并不需要费神屏蔽其他信息，就可以专心看吸引眼球的美景。

以上段落告诉我们为什么散步有助于提高表现水平，并且各种用来提高注意力甚至是记忆力的活动都能改善我们的表现。当然，你并不需要深入大山去远足来实现此目的，只需要看一看自然的景物就可以达到相同的效果。而且这与天气状况如何并无关系，因为温暖舒适的天气和天寒地冻的冬季可以达到相同的效果。

这些发现给旨在提高表现水平的训练项目带来有趣的启示。想象一下，你必须执行一项占据你所有精力的任务，而每项活动都需要集中注意力。若你去执行任务的路上交通堵塞，那你执行该任务时的表现一定会比刚从树林中散步归来执行任务时糟糕得多。所以，下次考试时你一定要记住这一点。我一直认为与那些精力充沛按时到场的学生相比，因车辆晚点而慌慌张张地跑进考场的学生在考试时更难集中注意力。

注意力恢复理论就如何改善孩子的学习环境提出了有趣的方法。对于患有多动症的儿童，与在城镇中散步 20 分钟相比，他们在公园散步 20 分钟后更易集中注意力。公园散步对集中注意力的作用与治疗多动症的药物哌醋甲酯（利他林）效果不相上下。因此，坐落于自然环境中的学校比位于城市的学校更有益于学生集中注意力，甚至透过窗户欣赏自然景色都可以帮助你提高注意力。若考虑大自然给抑郁症患者带来的积极作用，那么你就会很容易理解为什么贝多芬在坐下来创作乐曲前都会花很长时间外出散步。

你可以通过训练提高注意力

我早已论述过，把任务保留在工作记忆中需要你忽略其他所有侵入式信息。想想那些阻止不受欢迎的客人进入俱乐部的保安。有时候，他们会变得疲惫不堪而忘了自己的任务。

心理学家安德斯·艾利克森发表了一篇优秀的综述文章，并且在文中引用了大量需要专业知识来处理复杂任务的例子，如拉小提琴。据艾利克森说，刚开始学小提琴时，你每天最多可以有效练习 1 小时，即使增加练习时间也不会学到更多知识。但是你的经验越多，你练习的时间越长。艾利克森在文章中指出，通常情况下，柏林艺术大学的小提琴家们每天分两个时段练习小提琴，最长可达 4 个小时。该方法也适应于其他专业领域。在某项技能方面拥有特殊的天赋仅成功了一半，顶尖的运动员和音乐家也要进行十分刻苦的训练，这样才能学会如何在更长的时间内一直保持高水平的表现。若不训练，你永远不会成为一名出色的小提琴家。这当然适应于所有需要集中注意力的任务，若不训练，你长时间刻苦学习的能力也将退化。如果发生这种情况，你需要参加训练来恢复你的专业水平。这不仅事关熟练运用某种技能的能力，也事关如何在更长的时间内熟练运用此技能的能力。

同样，连续工作数小时不会得到预期结果。以拉小提琴这种极其困难的技巧训练为例，每天训练超过 4 个小时是毫无意义的。这或许让一些人感到安心，但对于那些工作日总是充满各种会议和其他活动的人来说，集中注意力的时间长达 4 个小时并不切合实际。暑假期间大学里学生较少，我也只有在这个时候才能在4个小时或更长的时间内集中注意力。开学后，我总是尽可能在课程表上空出几个小时，以便在空闲时能在安静的大学图书馆里与学生们一起学习。

虽然可以通过训练提高注意力，但那些手机上的应用程序承诺通过参加一些执行任务的训练项目就可以提高注意力水平，你可千万不要参加。这些项目的缺点是，它们并不适用于外部真实环境，若你不使用那些软件，这些项目对你而言毫无作用。你或许会因应用程序上分数的提高而感到愉快，但这种提高并不会在现实世界中对你有多大帮助。我们可以在一项广泛研究实验中找到很好的例子，而且科学家在该实验中采用了 BBC（英国广播公司）电视科普节目《理论大爆炸》的高收视率数据。年龄在 18—60 岁的 52617 名测试对象参与了一项为期 6 周的网络研究。在此之前，他们已接受了包括注意力在内的广泛的认知功能测试，而这些测试被用来标记他们的认知功能并记录进步水平。实验组中的测试对象被要求每周 3 次、每次 10 分钟之内完成 6 个训练任务。测试对象最初表现越好，任务就会变得越难。其中一项任务只关注注意力，其他任务与记忆力和推理等认知功能有关。对照组也花同样的时间使用电脑，但所有活动都与提高训练效果无关。

11430 名测试对象在 6 周后完成了训练项目并再次测试了自己的注意力。所有的训练项目（包括只关注注意力的项目）都没有使人在注意力方面有任何改善。所以，即使实验组的测试对象确实比对照组的测试对象在训练任务方面表现出色，但这种训练效果并不能推广到其他注意力任务上，提高学习或工作注意力的唯一方法就是增加学习或工作的任务量。谁知道呢，你甚至可以在学习或工作过程中取得一些进展。

冥想的价值

我们有必要仔细研究一下与冥想有关的话题，尤其是考虑到目前大量科学研究声称冥想有助于提高注意力。诸多冥想训练的目的都是为了帮助人们放松并把自愿性注意集中到内在心理过程。然而，准确地定义“冥想”并非易事，因为冥想不是一种单一的训练，它是诸多不同技巧的集合术语。现代诸多冥想技巧的起源可追溯到数千年前的佛教传统。

与注意力有关的冥想类型有很多种，这其中包括把自愿性注意长期集中到一个特定事物的专注冥想，而这种特定事物可以是现实世界，如花瓶，也可以是虚构事物，或仅仅就是你的呼吸。专注冥想要求你密切关注，维持注意力。这样可以训练你的注意力。侵入性的信息哪怕只是一个声音或一个想法，你都必须直接忽略它们。如果做不到这一点，你就必须试着立即将注意力从“入侵者”中分离出来，再次集中在主要事物上。侵入式信息与注意力的联系很明显：若在公共办公空间工作且不想被打扰，那么你必须忽略侵入式信息。另一种更开放的冥想是你并不关注特定事物，而是关注那些你所听到、看到或感受到的所有事物，但你不用对这些事物做出回应。这两种冥想方式都可用来训练集中注意力。

上述两种冥想训练方式有益于提高注意力，这十分切合实际。毕竟，这些方式与超能力和伪科学信念毫无瓜葛。它们只是认为冥想可以训练注意力，你所要做的就是找出一个能实践冥想的地方——几乎不会或根本不会使你分散注意力的安静之地，因为只有经验丰富的从业者可以在忙碌的地方进行冥想。当然冥想还有其他益处，但我在此只关注它如何提高注意力，所以我不会讨论冥想的其他方面。

过去 15 年，人们进行了多项严肃的研究，用以证实历史悠久的冥想训练对人们有积极作用。在这些研究中，测试对象会被送到一个僻静处，并在那里待上几个月来参加冥想强化训练，每天训练强度通常高达 10 个小时。在其他研究中冥想训练并没有那么密集，但每周仍需几个小时。然而，需要指出的是，这些研究的有效性存在明显的局限性：愿意参加这些实验的人群类型。测试对象在参加实验之前没有冥想的经历，这一点很重要，但也需要对冥想有一定的兴趣并同意参加冥想实验。你不能下结论说冥想对所有人都有积极作用，因为这些研究并不包括那些无论如何对冥想都不感兴趣的人。

然而，不可否认的是关于冥想的研究在注意力方面已取得积极的效果。虽然现在的研究中测试对象仍然不够多（因为实验成本太高），但那些随后参与到强化训练中且没有经验的测试对象在测试注意力的任务中表现更好，而且这一点适应于上述两种类型的冥想。回想一下麦克沃斯无聊的钟表实验：3个月内每天都进行5个小时的冥想能提高你的注意力。

你或许会好奇3个月内练习观察麦克沃斯的钟表实验，而非一直进行冥想是否会产生同样的效果。或许会，但正如我前面提到的，诸多训练项目的通病在于，结果的适用性仍有局限性。通过反复训练，你可以更好地解决一个特殊的难题，但这并不意味着你会更加擅长解决其他难题。伦敦的出租车司机因令人难以置信的记路能力而出名，但他们在其他记忆任务中表现得并不出色。事实上，训练项目的结果几乎都不能适用于其他活动。

冥想似乎是个特例，因为测试对象开始变得更加擅长执行那些不需要任何冥想的任务。阿姆斯特丹大学的赫林·史莱格编制了一份冥想特点清单，可以用来解释冥想训练为何能带来良好效果。这些特点并不是冥想的独有属性，其他拥有同样特点的训练形式，如音乐课，会产生同样积极的效果。

1. 训练内容。冥想有几种不同的过程，例如，在专注冥想中，注意力必须长期关注某件事物，而其他所有潜在的能够分散注意力的事物都必须忽略，这有助于训练不同的注意力要素。日常生活中想达到最佳表现，通常需要同时利用注意力的不同方面。

2. 任务中的变化。在诸多冥想中，每个独立的训练都必须把注意力集中到不同的事物上，如房间内的一个物件、一种观点或感受，这有助于训练同一任务的不同变化。

3. 认知过程（注意力）的类型。本书（包括我前一部书）到此需要明确一点，我们每天执行的许多任务都需要注意力。因此，各种活动都可以从注意力训练中获益良多。

4. 任务的难度。训练任务难度增加时训练项目的效果会更好，因为你越来越擅长处理这类任务，这有助于维持训练过程中的挑战元素。你的老师会在你冥想时逐渐指引你进入更加复杂的冥想形式。

5. 学生的觉醒度。正如我们之前所了解的，有效的注意力需要适度的觉醒度，要不高也不低。冥想技巧并不是用来入睡，而是在冥想的同时保持你的热情。

6. 训练时间。测试对象参与的训练项目可以持续数月，并且每天都进行长时间的训练。几乎没有什么其他训练形式能够让学生们坚持如此之久。

对爱走神的人来说，冥想似乎是一个不错的解决方法。测试对象长期接受冥想训练后能够在实验中更加持久地集中注意力，这似乎表明冥想可以使你在越来越长的时间内抑制默认网络，因而在更长时间内提高集中注意力的能力。关于冥想的研究现在仍然处在初期阶段，还需要克服很多困难，但我们可以战胜一切。关于冥想的研究甚至有利于开发电脑游戏，玩这些游戏所需的技能也可以应用到与游戏本身无关的活动之中。

离线休息

无论正在执行什么任务都要学会休息，这有助于保持注意力集中，对你的工作环境也会带来巨大影响。美国著名的波士顿咨询公司开展了一项研究，该研究表明有些员工每周工作时间之外关注邮件的时间高达 25 小时，因为他们认为立刻回复客户或同事的邮件很重要。该公司决定做个实验，设置强制休息时间，在此时间内不允许查看新邮件（包括语音消息）。无论是在工作时间内或工作时间外，强制休息时间都会慢慢减少，这也是每个新项目初期计划的一部分。

该实验非常具有创新性，刚开始时，员工真是被迫休息。尤其是某项工作的最后期限就要到来时，休息真的很难。在第一次实验中，员工每周必须抽出一整天的时间进行实验，而且这一天最好在周三或周四。考虑到员工现在只能利用 80% 的工作时间，所以为了维持原来的工作时长必须额外招聘员工。最初很多人都反对这一实验，其中部分原因是一些员工认为参与这个项目不利于他们的职业发展。但是该实验获得了巨大的成功，因而人们热情高涨，这促成了更广泛的第二次实验。

第二次实验要求众多的参与团队在时间安排上必须空出一个晚上，且不得额外招聘填补空缺的人员。当然，员工在其他晚上也是休息，但在那天晚上他们绝对不能做任何与工作相关的事。那晚过后，他们工作时感到神清气爽并且迫不及待地想工作。他们在问卷调查时声明，团队之间的交流增多了，而且工作和私人生活之间的平衡让他们感到更加满意。他们甚至表示这种休息明显提高了工作效率。所以，你没有必要为了让客户满意就每天 24 小时都工作。

不停地查阅新信息只会让你更加频繁地在工作之外的任务之间来回转换，甚至在只会带来更多工作压力的任务之间转换。你只有查看信息后才会知道信息的内容和发送者，比如可能只是同事的一条情绪强烈的信息，但这会让正在陪孩子玩乐高的你感到心情不悦。若查看信息、阅读信息后你真的生气了，那么你可能不会再接着陪孩子玩乐高了，你可能会不管孩子，去看自己的电脑。

这是那些认为自己应该不分白天黑夜都随时要与客户或同事保持联系的员工的典型特点。法国在 2017 年 1 月 1 日出台一项法规，旨在保护员工在工作时间之外休息的权利，这就不会让人感到意外了。该法规是依据 2015 年法国劳工部长的一项研究结果而制定的。该研究提出警告，指出公司不断要求员工在工作时间之外随时保持联系，造成员工过度疲劳、失眠和人际交流障碍。然而，该法规并不严密，因为按规定员工必须与雇主之间达成一致。并且，员工起诉雇主时，必须能够证明过度疲劳是由工作时间之外不断的电话或信息造成的，那样雇主才会被处罚。

至少最开始时法国民众对此法规持怀疑态度，而且世界各国都取笑法国政府要为自己疯狂的举动付出代价。但是从本章的研究结果来看，这一法规在正确的道路上前进了一步。当然这一步不过是个政治策略而已，但它也是一个正确的策略。我们没有生活在需要每天上街抗议游行以争取合理的工作时长和更多假期的年代，所以需要一个新的方式来解决问题。例如，办公室关门时也会关闭电子邮件服务器，位于阿姆斯特丹的一家公司甚至会在下午 5 点把桌子升起来，确保员工停止一天的工作，而这只是我们尽力重新获得工作与生活平衡的两种方法。

提高注意力的其他方法

还有一个与提高注意力相关的因素我们没有提到，但证明该因素非常有效的证据很有说服力，那就是健康。研究表明身体健康的人可以更加有效地集中注意力。例如，与那些不进行身体锻炼的测试对象相比，定期参加有氧运动课程的测试对象在注意力测试任务中表现得更为出色，而且这一结果适用于所有年龄段的人。身体健康的人的大脑可以更加有效地屏蔽侵入式信息，抑制默认网络，从而在更长时间内保持注意力集中。你若想提高集中注意力的能力，我强烈推荐你要定期进行锻炼。

身体健康并不是其他提高注意力方法中的唯一一个，但其他方法的有效性至今还没有得到科学证实。随着脑电、脑磁刺激等技术的广泛应用，比如经颅直流电刺激，人们已经记录了一些积极作用，而且已有学生为提高注意力水平而采用和多动症患者一样的药物治疗，但正确的大脑刺激还有待发现。尽管许多人反映苯哌啶醋酸甲酯的效果良好，但巨大的个体差异表明，此药物对于非多动症患者而言，并不是一种适合集中注意力的药物。或许在将来某一天会找到合适的治疗方法，但在那之前最好避免使用那些药物。药物会有一定的副作用，滥用药物会对身体健康造成伤害，所以在这种情况下，谚语“不入虎穴，焉得虎子”就不太合适了。

不论是在搞创作还是在阅读一本复杂的书，信息接收者都要面临艰巨的任务——保持他们的注意力集中。做到这一点也需要一些维护工作，而且科学已经证实了有助于提高注意力的方法：冥想、训练和健康是有效的。在注意力集中期间定期休息也很重要，最好在自然宁静的环境中休息。切换到自动模式，休息一会儿，你就可以精力充沛地投入下一件艺术创作或项目之中。

第五章

驾驶时注意力的重要性

2011年10月21日星期五下午，科恩·范·汤格伦沿着海牙附近的A4公路驾车回家，突然想起有工作需要沟通，他就一边驾车一边拿出手机查找电话号码，由此他根本没有注意到前方道路已经出现拥堵，结果他快速撞上了前方的车辆。前车里有一位母亲和她的两个儿子，母亲和大儿子虽然受伤严重但仍侥幸活了下来，但坐在后排年仅2岁的小儿子不幸遇难。科恩因鲁莽驾驶被罚社区服务150个小时，吊销驾照6个月。

科恩的悲痛与那个家庭的不幸相比显得微不足道，但他的生活也因此发生了翻天覆地的变化。正如他自己跟荷兰媒体描述的，他原本生活得不错：一份不错的工作、爱情美满、家庭也很幸福。现在他的余生都要活在因造成一个年幼生命消逝而带来的深深自责之中，而造成这一切不幸的根源就是驾驶途中片刻的分心。此次事故之后，科恩得到了受害者家属的授权，他利用自己大部分时间与他人分享此次事故，还在几部纪录片中向大家讲述自己的故事。他也出演了一家保险公司的广告片，片中几位司机按要求在测试道路上驾车时使用手机完成相应任务。在进行测试时，一辆由纸箱制成的汽车突然急停在前方道路上。在司机们撞到纸汽车后，科恩出现在大屏幕上并开始讲述自己悲惨的故事，只要你不注意道路状况，该故事随时都会发生，哪怕是只有一瞬间的分心。

交通事故中汽车还可以给你提供一些保护，骑自行车可就更容易受伤了。来自科腾胡夫城的汤米·库尔肯斯是一位自信的少年，深受同学们喜爱，最近他又收获了爱情，陷入热恋。2015 年 8 月 22 日，年仅 13 岁的汤米骑车去上运动员训练课程，在路口被一辆汽车撞倒。汤米当时骑得很快，却没看路，而是忙着用手机整理播放列表，当晚他负责为姐姐的生日晚会播放歌曲。肇事司机当时正载着 4 个孩子出行，虽然她没有超速驾驶，也没有任何其他过错，但当汤米突然出现在她视野里时，她根本没有时间及时减速停车。

现在汤米的父亲迈克尔·库尔肯斯到很多学校去讲述儿子的故事，而且他还发起了一场禁止司机驾驶途中使用手机的运动。每次开讲前，他都会播放汤米出事时听的音乐。汤米出事的路口随后也进行了改建，装上了木桩，这样骑自行车的人穿过马路时必须减速。

当提到集中注意力时，我们通常会把它与工作或学习联系在一起，但它在外部世界也至关重要，尤其在交通方面。过去几年荷兰的交通事故数量和由此造成的死亡人数急剧增加，并且呈现出继续增长的趋势。这种高增长是极其不正常的，因为截至 2013 年，交通事故率本已呈现下降的趋势，而且道路质量和汽车质量在过去几年间也都提高了。

驾驶过程中使用手机而导致注意力分散是造成上述现象的一个原因。人们已经对由于使用手机造成的交通事故展开各种各样的研究，其中一项研究调查了 699 起事故后发现，24% 的事故在发生前 10 分钟内驾驶员都使用了手机。当然，使用手机和交通事故之间并无直接的因果联系，因为并没有证据表明任何一起交通事故是使用手机造成的。该数据只能说明，存在危险驾驶行为的司机驾驶时使用手机的可能性更大。

要证实上述两者之间可能存在的因果联系，必须建立一个实验场景，把驾驶过程中不使用手机的测试对象与使用手机的测试对象进行对比。这种实验十分危险，不能在公共道路上进行，但现在已经找到了极佳的替代方案——驾驶模拟器。这类工具能模拟现实世界的驾驶行为和条件，如今技术越来越成熟，而且被引用的研究结果往往也都发人深省。

犹他大学的研究人员决定对两组测试对象的驾驶行为进行对比。一组测试对象必须与研究助理讨论关于手机的选择这一话题，而另一组测试对象则按要求饮用掺有伏特加的橘子汁，这样血液里就含有足够的酒精浓度。然后两组测试对象在虚拟多车道公路上行驶，前面的汽车随时可能急刹车。未饮酒的测试对象在不接打电话时对前车刹车的反应更快。实验证明开车时接打电话的驾驶行为与酒后驾驶一样糟糕。值得注意的是，驾驶时接打电话所受的处罚力度远低于酒驾，而且测试对象在接打电话时驾驶行为会表现得更不稳定。例如，与不接打电话相比，驾驶时接打电话的测试对象在刹车之后再次提速的过程更慢，而这种驾驶行为是造成交通拥堵的主要原因之一。

我们现在真的应该做些什么来提高道路上驾驶员的注意力。这需要有关部门和道路使用者的配合。例如，荷兰的道路交通法规显然已经过时了，现在仍没有相关法规制止骑自行车的人在骑行过程中使用手机。但对于汽车驾驶员来说，交通法规相对严格一些，如在驾驶途中禁止使用手机接打电话和收发信息。其中还详细规定了何时可以使用手机、何时不可以，但免提功能随时可用。交通拥堵或遇红灯而停车时想用手机？可以。所以，尽管交通法规禁止驾驶时手持手机接打电话，但只要使用车载免提，你在驾驶过程中仍可以使用手机发送信息，真是不可思议。若在驾驶途中接打电话，你至少要保证眼睛一直看着路况；但若在驾驶时使用手机查看电话号码，你就不得不把视线转移到手机上一会儿，但这时你和你的汽车还在前进。

与拿着手机接打电话一样，用免提功能接打电话也并不安全，但现在的法规有不同的规定，这是不对的。驾驶员持手机接打电话或使用免提接打电话，注意力分散程度是一样的。驾驶时接打电话造成的负面作用与用手拿着手机这一行为无关，与驾驶员注意力水平有关。接打电话时一定会用到工作记忆，这就意味着你必须使用语音回路来组织语言，但与此同时也需集中注意力驾驶汽车。如果接打电话需要占用太多注意力来维持工作记忆中的信息，你就不可能有足够的注意力来密切关注前方的道路状况，即使你的眼睛确是在盯着路面。

世界一级方程赛车手的眼运动

有一部关于世界一级方程赛车手尼科·雷肯博格的电视节目，充分表明了我们在路上驾驶时眼睛是多么的重要。鉴于眼睛沿车道移动的速度，赛车手必须对他们所处的直接环境做出极其快速的反应。为了弄清楚世界级赛车手的眼运动速度到底有多快，雷肯博格同意参加一个电视节目。当他沿着赛道快速行驶时，一种新技术会用来监测他的眼运动。

作为科研工作者，我研究过太多眼运动了，但当我看到雷肯博格的测试结果时仍感到难以置信。测试结果显示雷肯博格的眼运动效率极高，没有任何多余的眼运动。长期的驾车训练显然早已教会他怎样看得精准，并且只在需要看的时候才去看。事实上，你可以说雷肯博格实际上能够看到未来，因为他把自己大部分注意力都集中到下一个弯心（转弯时的最顶点），而且他也能处理所有快速接收到的视觉信息。数据显示，一旦绿灯亮起比赛开始，他平均能够在不超过 0.1 秒的时间内启动赛车。

雷肯博格在退出维修道时看后视镜的方式也体现出数年训练的效果。他只需看后视镜0.1秒就可以预测正确的驾驶路线，而0.1秒绝对是在注视期间（眼睛静止的时长）收集信息所需的最短时间。普通人要想在注视期间辨别一个事物，需要看得更久。

雷肯博格阐明了每个驾驶教练要在课上着重强调的一点：驾驶时该看哪里非常重要。我们永远不应该低估安全驾驶所面临的巨大挑战。驾驶汽车需要我们非常高效地使用注意力，所以我们应该意识到注意力是一件无价之宝。

驾驶中的自动行为

当我父亲想要教我驾驶汽车的一些基本技巧时，发现很难给我解释明白。我父亲是位老司机了，甚至驾驶已经成为他的无意识活动，换句话说就是一种自动行为。我们可以形成自动行为，因为大脑中包含隐性记忆，即没意识到的信息。隐性记忆包含那些经常做以至于无须再进行思考的行为，比如驾驶汽车。刚开始学开车时，你必须记住每个动作，比如踩离合、踩刹车、换挡、踩油门等。起初，你会非常注意这些驾驶动作，但随着驾驶经验的增加，你开得越来越熟练，甚至在执行动作前并不需要再次考虑，因为这些动作都刻在隐性记忆之中。所以，你根本不需要考虑如何换挡，因为这一动作已不再需要占用工作记忆。

上述情况说明驾驶汽车主要是一种自动活动。然而，周日下午在寂静的乡村道路上行驶和周一早高峰在城市主干道的十字路口驾车完全不同，因为后者需要你在开出路口时，必须留心周边交通状况。在乡村道路上行驶时你可以与同车的伙伴轻松交流，但在城市主干道开车与同车伙伴交流则完全是另一回事。为安全抵达目的地，你需要利用一切可以使用的注意力关注路况。我依然记得父亲驾车带我们去法国南部，在路过巴黎附近的环路时，车里总是弥漫着不安的沉寂，父亲一直在专心开车，结果最后还总是迷路。

一方面，驾驶汽车变成一种自动行为是一件好事，因为这会使你更加留心道路状况和周围的交通情况。另一方面，可能也是一件危险的事，因为这会使你在驾驶时更有可能使用手机。不管你是一位新手还是靠开车谋生的老司机，想对前方刹车车辆及时做出反应，你都必须专心驾驶。但这是否意味着驾驶时应该禁止一切形式的交流呢？

可否与同车的乘客交谈？这也需要使用工作记忆吗？是的，这的确需要使用工作记忆。但驾车时交谈的方式有很多种，并非所有的交谈都会带来安全隐患。进行驾驶模拟的测试对象按要求与朋友谈论他们一生中遇到的最危险时刻，结果表明通过电话交流此话题时驾驶出错率最高。当朋友坐在副驾驶座位时，他们有时会谈到路上的交通状况，但当交通状况需要司机更加小心时，他们会换一个话题。此时司机及其朋友说得很少，会使用更加直白的语言进行交流。朋友似乎会考虑司机的驾驶情况，因为他们会注意到交通状况，也知道司机需要更加留心道路状况。

上述情况并不适用于通过电话进行交谈的情景。毕竟当司机抵达巴黎，需要集中注意力观察复杂环路时，司机的交流伙伴对交通状况并无任何视觉信息，因而他们会一如既往地说下去。事实上，若一方，这里指司机，说话语速开始变慢，听起来让人感觉有些漫不经心，交谈可能会变得有些尴尬。

如果不理会交通状况，继续进行复杂的交谈，司机就很难专心看路，发生交通事故的风险就会增加。

与坐在身边的人交谈所带来的交通事故风险比通过电话交流而带来的风险要低。与坐在身边的人交流时，你可以看到他们对你所说内容的反应，可以通过交流伙伴的面部表情了解到很多信息。想想我们想弄明白短信里表情包的含义是多么的困难。当我们可以通过一个人的声音辨别他所说的内容时，交流会变得容易，若可以看到交流伙伴面部表情，沟通会变得更加容易。当然，交谈时你确实需要把眼睛从道路上移开去看看乘客，但这样做所带来的不利影响与其他方式相比真的是微不足道。若不能看到交流伙伴的面部表情，我们会自己脑补相关信息，而这需要使用我们的视觉工作记忆，准确地说，就是对开车至关重要的那部分工作记忆。

通过对西班牙1990—1999年发生的交通事故进行分析，我们发现车内有乘客的确可以降低司机交通肇事的可能性。当然，关于这一结论会有很多可能的解释，但其中有一种解释认为，驾驶应该成为一种共同活动。乘客可以使司机警惕潜在的危险情况，并与司机分享自己的经历（也可称为共同的意识）。当然，这并不适用于车内的所有交谈。若乘客是孩子，或交流伙伴喜欢指手画脚（就像我母亲在巴黎环路时瞎指挥那样），就不可能保障大家的安全。若没有其他的解释，这个有趣的理论完全背离了驾驶时应该尽力避免分散注意力的观点。

行人和注意力缺失

2017 年 2 月，荷兰小镇波德格拉温首次在交通信号灯旁的人行道上为行人装上了一条红绿相间的 LED（发光二极管）灯带，因为行人走路时都一直盯着手机看，甚至在交通信号灯变红时闯到快车道上。该创新的目的是想提醒那些拥有智能手机的行人他们已走到路口，从而帮助他们安全通过马路。

该计划是先在人行道上安装 LED 灯带，然后继续探索在自行车道安装灯带。当然，该举措也免不了遭受质疑。那些色盲的行人该怎么办？因为行人想看手机就要在所有人行道上安装灯带吗？难道小心过马路不是行人自己的责任吗？这样做的话不就是纵容行人在走路时使用手机吗？

尽管存在诸多指责，但安装灯带的原因很好解释。例如，日本就有很多人因为边走边看手机而摔下火车或地铁站台。由于发生频率太高，日语中用“aruki sumaho（边走边玩手机）”这一术语定义这种现象。仅 2013 年，东京就有 36 个人因上述原因住院。若拥有智能手机的通勤者佩戴耳机的话，情况会变得更加糟糕，因为此时他们几乎无法注意到身边的环境。

网络上到处都有人跌入喷水池、走路撞上路灯柱和掉进水沟的短视频，这是因为这些人全神贯注地盯着手机看，忽视了周围的环境。其中最火的一个视频讲述了“喷水池女孩”凯茜·克鲁兹·马雷罗的故事。2011 年，她路过一座购物中心时，正忙着看手机，没有留心脚下，一下跌入了喷水池。

这次事件被摄像头拍了下来并放到了网上，立刻被网友疯狂转发，凯茜因此一夜之间成了网红，她的故事甚至出现在诸多电视节目中。然而，凯茜随后威胁购物中心要起诉他们，因为当她跌入喷水池时，没有工作人员过来帮助她，购物中心的保安人员还把视频发到了网上。该购物中心最终没有出庭，发布视频的保安最后被开除了。

在美国的一些城市，如果因为忙着用手机发送信息而偏离人行道，走上行车道，行人必须支付罚款。例如，新泽西州李堡市的罚款高达 54 美元，在犹他州，通过铁路路口时不观察路况，行人将面临 50 美元的处罚。纽约 52% 的交通事故与行人有关，因此造成的后续费用每年大约 10 亿美元。最近，一项观察研究对纽约 1995—2009 年十大最严重交通事故的现场资料进行了调查，该研究表明在 3500 名接受观察的行人中，大约 1/4 的人过马路时忙着玩手机。

注意力不集中的行人在过人行横道时速度缓慢，在交通中最易受伤的儿童尤其如此。在使用模拟器完成的一项研究中，70 名儿童按要求横穿马路 12 次，过马路时忙着玩手机和专心过马路的情况各占一半。该研究结果令人十分震惊：当孩子们忙着玩手机时，他们发生交通事故和险些撞上汽车的概率更高。过马路时他们承担的风险也更高，因为他们会误判迎面而来车辆的距离，往往走上马路的时间又太晚。不论孩子们手机玩得多么熟练，独自过马路也轻车熟路，都不能完全阻止严重结果的发生。过马路是一个复杂的认知过程，尤其是对儿童和老人而言。安全过马路不仅要判断迎面而来车辆的距离，还要判断车辆的速度，减速或加速的可能性。这就是为什么对那些无法感知运动的人（比如脑损伤或视线不好）来说，安全通过马路并不是一件容易的事。帮助老人过马路会被认为是做好事，这也是原因所在。

走路时戴耳机也是一种极具危险性的行为，因为走路时需要使用所有的感官。例如，利用听力判断汽车的速度，但戴了耳机，你就接收不到这个信息，因而听觉和视觉信息的组合功效将减弱一半。人脑整合声音和图像信息，然后把相应的声音和图像对应起来，这一过程被称为多感觉整合。

多感觉整合十分重要，因为与分散接收的信号相比，我们能对集成信号做出更快的反应。“整体大于部分之和”的说法适应于此种情况，走路或骑车时戴耳机会使多感觉整合系统无法行使功能而显得多余。美国交通事故的报告表明，2004—2011 年因行人佩戴耳机而造成的交通事故有 116 起（其中 70% 的事故都是致命的）。若多感觉整合系统可以起作用的话，这些交通事故原本可以避免。

神经营销学的谎言

为了限制在交通中使用手机，人们已经发明了各种各样的产品。例如，2017 年荷兰皇家电信公司与荷兰安全局以及锁具专家安盛公司一起研发了一款自行车锁，用来阻止骑自行车的人在骑行途中使用手机。这款锁的名字叫安全锁，与一款手机应用程序相连，手机在打开车锁后就无法使用网络，仅可拨打急救电话。该款安全锁零售价大约100欧元。

本章已经讨论过的诸多例子表明，类似安全锁这样的产品显然对于限制使用手机是一个好主意。但遗憾的是，与安全锁一起发布的还有一则过分夸张的新闻稿，该报道登载一项研究，号称可以证明安全锁的有效性。荷兰皇家电信公司邀请了一家神经营销学公司，这家公司可以提供各种脑影像，证明该产品好处多多。现在，无论何时听到“神经营销学”这一术语，我总会因其过度夸大的科学宣传而汗毛炸立。

荷兰皇家电信公司或许在这项研究中投入了巨资，但研究结果并不理想。若我的学生给我交上来一份这么糟糕的研究报告，我一定会立刻把他赶出去。该研究的测试对象是年龄在12—18岁的青少年。在用电脑执行简单任务的同时，对他们进行脑电图监测，即通过放置在前额的电极记录他们的脑电波。测试对象在测试中不断接收到来自社交软件的新信息。研究结果表明，接收信息会危害到骑车人的安全。安全锁的新闻报道声称："研究结果已经表明骑车时使用手机不仅会分散骑行者的注意力，甚至通知的提示音或震动也会降低骑行者的注意力水平。"

该研究存在很多突出的问题。第一，没有必要使用大脑扫描的图像测量注意力分散程度，应该研究个人行为。研究人员为他们选择的方法争辩道："为了把信息通过某种方式说清楚，研究结果需要利用图像。"所以，据这家神经营销学公司说，如今人们对神经科学越来越感兴趣，所以给人们展示大脑扫描的图像比制订具体的研究问题更有用，而且该研究结果的确表明大脑会对信息提示做出回应，但人们对此方面有什么新的发现吗？并没有。毕竟，当你听到一种声音时，大脑也会对此声音进行处理，所以能通过大脑扫描看到由此产生的活动并不奇怪。重要的是，想要确定影响测试对象行为的因素，唯一途径就是研究他们的行为。

第二，记录行为差异的数据并不可靠，并没有真正有力的证据证实消息提示确实会让测试对象注意力分散。这并不让人感到意外，看看公司安排的任务，太简单了，测试对象都快要睡着了，而此时信息提示音只会让他们再次清醒，并促使他们对信息做出反应。

不管怎么说，上面所提到的安全锁能让人们在通行时保持注意力集中，这确实是一个好主意。但若回顾一下本章之前讨论过的交通事故，我们会发现危险并不在于消息提示本身，而是在于我们使用手机的方式。外出散步或骑自行车时，你会听到周围很多的声音，例如人们互相招呼的声音、有人关家门的声音以及自己手机的响声。但这些声音并不会干扰到我们留心周围环境和交通，手机提示音的危险在于我们知道有新消息后的反应。若能够一直抵挡住立刻拿出手机查看消息的诱惑，手机消息提示当然不会给我们带来任何危险。但现实是，许多人难以抵制这种诱惑，总是迫不及待地想要知道信息的内容，心痒难耐。对新消息的渴望以及想要知道消息内容的迫切心理都会迫使人们拿出手机，查看信息，甚至会立刻回复消息。这就是危险所在，此时的注意力不再关注道路交通。总之，没有成本那么高昂的研究也可以得出此结论，我想你会同意我的说法。

解决办法

人们发起过诸多公共运动，旨在让道路使用者更加清楚地意识到出行时使用手机的危险，但这些运动的效果似乎都不理想。荷兰最近发起了一场叫作“自行车模式”（为了在出行时不使用手机）的政府运动，但也收效甚微。各种应用程序都试图提供定时锁网功能，以便用户可以根据自己的需要决定自己上网时间的长短。荷兰一家公司甚至发明了可以用来存放手机的六边形金属盒，以确保司机在驾驶时不被手机消息干扰。这款盒子使用的材料可以屏蔽电磁辐射，而且可以容纳 6 部智能手机，那些开会时不想被手机消息打扰的人也可以使用这款盒子。现在，当手机被放置在行驶中的汽车上时，安卓和苹果系统都有某种模式可以屏蔽部分功能。

然而，这些发明仍然难以流行，所以需要各级政府马上制定限制驾车时使用手机的规定。2016 年荷兰政府提出在自行车上引入一种免提系统，这样骑自行车的人不用手拿着就可以使用手机（当他们必须使用手机时）。方法还有很多，例如驾车时完全禁止使用手机，强制使用驾驶模式。

但这些办法并没有取得任何效果，主要是因为有关部门知道这些措施无法实施。尤其是驾车时，现在很多司机都使用手机导航，很难辨别司机是在输入目的地信息还是发送信息。而且司机个体的注意力水平也存在巨大差异。虽然上述两种情况中司机的视线都离开道路一小会儿，但与确认行驶路线相比，使用手机发送信息会造成更大的危险。导航系统不会发出任何意想不到的信息和提示消息。导航信息具有可预测性，这样你可以决定何时看一眼屏幕、看多长时间。

使用手机上的社交媒体完全是另外一回事，社交软件都是要尽可能久地吸引人们的注意力。事实上，这也许就是它们商业模式的概念。例如，以新闻供应的概念为例，源源不断的信息流就是为了要迎合人们的兴趣。你使用手机越频繁，手机背后的运算程序就越了解你，也就越清楚如何抓住你的注意力。

发送短信时，额外的社会压力总是要求你尽快做出回应。使用导航系统时，你不必担心自己说错话、不会与人发生争执，也不用焦急地等待下一条信息。换句话说，这与我们通过短信进行的会话完全相反。发送短信，不仅消耗你大量的内在注意力来解读这些文字信息，而且期待下一条信息也会让你的视线更频繁、更长久地离开道路。若想更加有效地讨论驾驶时使用手机的问题，我们首先要弄清楚一些事实。想要拍掉大腿上的三明治碎屑而造成的注意力分散与忙着查看手机信息带来的注意力分散可大不一样。或许现在我们能做的事情就是等着新技术的出现，这种技术能够抓拍驾驶时使用社交软件的司机。

当然，把应当解决这些问题的责任都推给政府很容易，但为确保道路安全，道路使用者也需要参与其中。然而，道路使用者的角色很难划定，因为我们总是会高估自己的驾驶水平。我们在前文提过，把酒后驾驶的司机与使用手机的司机做了对比，后者在测试后认为驾驶时使用手机不会对他们驾驶汽车造成任何影响。但测试结果与该观点不符：与专心开车相比，他们使用手机时遇到更多驾驶困难。很多人认为驾驶时使用手机并不是一个大问题，但这与事实并不相符，我们都要认识到驾车时关注路况对安全至关重要。

之前章节中提到许多有利于提高工作或学习注意力的因素，现已证明这些因素对提高驾车时的注意力同样有益：健康的身体、充足的睡眠以及适时的休息。生活中有很多事情都需要我们的注意力，也许在很多情况下注意力并不是一个重要方面，但我们每个人都在以各种方式使用着公共道路。所以，注意力高度集中对每一个人都至关重要。

第六章

我们都要被逼疯吗

还有人记得 2017 年的“指尖陀螺”热吗？当时几乎所有的校园里都能看到被丢弃的指尖陀螺，最流行时，几乎所有玩具店里的指尖陀螺都被售卖一空。但仅仅几年过后，人们就已经很难记起这次热潮了，与当初开始流行时如出一辙，陀螺热在 2018 年迅速消失了。一起再回忆一下：指尖陀螺是一种在中间轴承上有两到三个尖齿的小玩具，你需要用拇指和食指捏着陀螺，然后拨动尖齿使之旋转起来。孩子们整个学年都在忙着解锁新技能，一直盯着旋转的陀螺看……

指尖陀螺起源的故事很特别，也很奇妙。据媒体称，美国工程师凯瑟琳·赫廷杰发明了这个小玩意儿。据说，1993年，她想帮助自己过分活泼的女儿集中注意力，就想到了要设计一款指尖陀螺。然而由于资金匮乏，2005 年她为该发明申请专利的计划泡汤了。数年后，指尖陀螺风靡一时且获得了巨大的商业成功，不断有媒体想采访她，看看她对此有何感想，凯瑟琳为此饱受折磨。凯瑟琳在《彭博新闻》的采访中指出，众人所知的指尖陀螺虽与她的塑料玩具有些相似之处，但实际上指尖陀螺使用了完全不同的原理。此后再无其他书面材料显示，甚至直到今日也没人知道到底是谁发明了这款小玩具，在 2017 年短短数月内让数以百万计的孩子如此着迷。而且，因为没有人为指尖陀螺申请过专利，所以也很难找出这款玩具的生产商。

指尖陀螺热最后变得有些失控，所以一些学校甚至禁止学生在教室里玩指尖陀螺。截至 2017 年 5 月，美国 200 所大型高中中有 32% 的学校出台了这样的规定，因为学生们耗费大量的上课时间玩指尖陀螺，这款玩具已经严重影响到学生上课，导致不能专心听讲。然而有些玩具生产商称这款玩具对一些孩子大有裨益，而且玩具的包装上通常印有“该玩具可帮助多动症儿童集中注意力”字样，还有一些生产商甚至声称该玩具有助于治疗自闭症和焦虑症。许多家长也认为指尖陀螺在某些方面对孩子们有所帮助，但科学家们立刻否认了这些说法，并且认为没有证据证实这款玩具可以对孩子们产生积极的影响。家长关于指尖陀螺的乐观言论及该款玩具的效果也被指出是毫无根据的。

当然，生产商必须慎重选择包装袋上的印刷内容，也不能发布不实之说，尤其在没有科学证据时宣称自己的产品会对多动症患者带来所谓的益处。然而，否认与某一产品相关的所有的正面观点就有些过分了。科学是一个缓慢且曲折的过程，而且指尖陀螺风靡时间较短，这么短的时间并不足以正确地研究此现象，更不用说在一本科学期刊上发表任何概括性的结论。我们只是不了解玩指尖陀螺是否会对注意力产生积极的影响，但我们了解到，媒体对于指尖陀螺的负面报道确实遇到了激烈的抨击。当美国网络杂志（*Vice*）发表了一篇题为《调查一下指尖陀螺有助于治疗多动症、自闭症和焦虑症的无稽之谈》的文章后接到很多投诉，因而很快把标题改为了“指尖陀螺生产商正在以有助于治疗多动症、自闭症和焦虑症为市场定位”。该杂志之所以会发布一则道歉声明，一部分原因是很多父母认为指尖陀螺确实会给孩子们带来帮助，并对此提出愤怒抗议。

为什么指尖陀螺会如此吸引患有注意力障碍的孩子？当然我们的注意力能力水平高低不同，部分原因是因为运动系统中的活动水平不同。换句话说，有些人会发现，与他人相比，自己难以安静地坐着。你可以很容易地在教室里发现差异——有些学生一直在书桌前安静地坐着，而有些学生似乎一直都在乱动。多动症患者情况最糟糕，因为他们很难抑制自己的运动系统，因而不能安静地坐着或者集中注意力。

摆弄指尖陀螺符合一直动的需求，与过度活跃儿童的运动系统的需求一致，而且也不会影响他们上课听讲。事实上，要求这些孩子安静地坐着可能会消耗他们更多的精力，因为他们需要把所有的精力都花在抑制运动系统上，要求过度活跃儿童在课堂上安静地坐着并不是一个好主意，这就是原因。诸多研究已经表明，患有多动症的儿童在执行需要使用工作记忆的任务时，若能够乱动的话，他们会比正常的孩子表现得更加出色。对于多动症儿童来说，能够乱动似乎可以让他们保持警醒。因此不难想象，若一个活跃的孩子可以坐在健身球上的话，他可以更好地集中注意力。顺便提一下，这只适用于爱动的孩子，安静的孩子在乱动时很难集中注意力。

值得指出的是，诸多此类研究只以儿童为研究对象，因为年龄较小时更容易诊断出精神紊乱，比如多动症。患有多动症的成年人通常已经学会如何处理这些问题。所以，这些研究的结果也可以适用于成年人。

高敏感人群

2017年9月，弗勒·范·格罗宁根的一本著作连续两周蝉联比利时十大最畅销书之一。该书描写了格罗宁根作为高敏感人群的经历，而且很多读者在阅读此书时会发现自己对她的经历感同身受。例如，本书描绘了格罗宁根每天如何努力消除外部刺激对自己的影响，以及如何学会处理自己过度夸张的情绪。她把高敏感人群者与她称之为西方社会的“疲惫与沮丧的洪流”联系起来，在这种社会环境下，巨大的刺激使得高敏感人群长期遭受高度刺激。许多认为自己极其敏感的人通常会抱怨存在注意力障碍。

1996年伊莱恩·阿伦首次使用了“高敏感人群”这一术语，并且设计了一份供人们填写的调查问卷，以帮助他们判断自己是否属于高敏感人群。她的调查问卷只是广为使用中的一种，如今人们可以通过网上各式各样的自我测试来判断自己是否属于高敏感人群。然而这些测试的问题太过模糊，所以当测试结果表明 15%—20% 的人都属于高敏感人群时，人们并不感到意外。许多测试是为儿童量身定制的，而且会涉及一些与儿童相关的问题，如是否有睡眠和如厕障碍以及过度活跃。以这些为标准的话，我们可以认为几乎所有的儿童都属于高敏感人群。

根据这一术语的定义，高度敏感的人更易受痛苦、开心以及其他心理和生理感觉所影响，而且他们会对声音、触感、颜色等各种感官刺激反应更加激烈。这会使得他们在刺激物过多的环境中变得更加谨慎，他们会在这种环境下变得羞怯。他们会尽量避免城市生活的忙忙碌碌，甚至会尽可能逃避接触。正如你已经注意到的，我努力用详尽的科学实验来支持相关观点。但不幸的是，关于高敏感人群几乎没有可靠的研究，而且即使有，其质量也高不过常见的自助读本。

高度敏感通常与我们现在所处的竞争激烈的社会有关，而且生活在这种环境中我们会不断地接触各种刺激物。许多人发现自己很难应对每天都要经历的数不胜数的刺激物，这也是他们感到疲惫和注意力分散的原因。近些年来，高度敏感被炒得很热，并且为此成立了很多研究小组。

这些方面的书认为高敏感人群拥有一种特殊的天赋，他们可以在更深层次上处理刺激。尽管在科学领域，每个单词都经过深思熟虑，而且每个术语在出版前都会有一个清晰明了的定义，但是许多关于高度敏感的言论缺乏科学依据，可是仍被认为是不容置疑的事实。当然，当这些言论对人有帮助时没有问题，但当人们把类似高度敏感这样的事也当作实际病变时，那可就麻烦了。因为这会迫使父母为他们的孩子按照高敏感人群寻找治疗方法，即使该问题或许是由精神紊乱造成的，也确实有科学的、已被论证的治疗方法。高度敏感的典型特征通常与多动症和自闭症的问题一样，例如自闭症最典型的一个特征就是会对他人的触碰过度敏感，而这个特点通常又与高度敏感有关。这些紊乱已经找到有效的治疗方法，但治疗过度敏感时人们并不会用到这些方法。

高度敏感与诸如多动症和自闭症等精神紊乱疾病不同，它更像是一种类似内向或外向这样的性格特点。虽然一些人会因为忙忙碌碌的城市生活感到开心，但其他人更喜欢享受安静的生活方式。一些孩子会捂住耳朵来躲避喧闹操场上传来的噪声，但其他孩子似乎很享受在操场上玩耍。高度敏感虽没有被官方纳入精神紊乱，但这并不意味着高度敏感与此无关。我们每天要处理的刺激持续增加，越来越多的人难以处理面临的问题也就不奇怪了。现在的关键不是数不胜数的刺激，而是我们处理这些刺激的方式。我们每天都通过感官接触到许多刺激，然后我们的注意力机制会做出选择，进一步处理这些刺激。人的注意力系统效率不同。少数有关高度敏感且经得起科学验证的研究表明，那些在高敏感人群调查问卷的大部分方框上打勾的人，他们的部分脑区域对感官刺激反应更加剧烈。有趣的是，这些区域同时也负责注意力。尽管这并不能证明大脑中活动增加会造成问题，但研究结果表明个人处理外来刺激的方式不同。若大量外来信息对你来说是麻烦的根源，那么你就必须努力弄清楚如何解决这个问题。我们的大脑并不能处理所有接收到的刺激，而且某种程度上我们集中注意力的能力取决于忽略不相关信息的能力。若周围一直存在太多分散注意力的事物，我们就不可能集中注意力，但我们没有必要把这种情况当作一种紊乱或状况。事实就是，有的人的大脑会比其他人更加难以集中注意力。

注意力的演变

指尖陀螺的故事向我们表明，人们能够集中注意力的程度存在差异，无法集中注意力的人有时需要一些技巧帮助自己集中注意力，尤其是在当今充满干扰的社会。最近我在一家荷兰报纸上读到了一篇有趣的文章，作者是芝加哥大学心理学家迈克尔·皮特鲁斯。他在文章中指出，随着智能手机和社交媒体的出现，越来越多的人的行为与多动症患者类似。他并没有说我们每个人实际上都患有多动症，而是我们的行为越来越类似于多动症患者。这听起来似乎有点言过其实，但目前我们对多重任务处理的热衷，已经严重影响到在特定时刻集中注意力完成某一项任务的能力。

但多动症患者数量的增加确实与当今社会刺激的增加有关吗？多动症患者数量在过去几十年间已经急剧增加，因而人们就把这与日俱增的刺激联系起来。这种联系通常得到关于另一种媒体研究的支持，这种媒体出现的时间比智能手机要长得多，也是一个丰富的刺激来源——电视。关于电视对我们成长的影响的科学文献，远远多于研究社交媒体的文献，而现在我们的孩子很小就开始使用社交媒体了。

电视的发展经过了一个有趣的变化。正如我已经解释过的，电视刚问世时，只有少数几个频道，而且没有用来快速换台的类似遥控器的东西。早期出现了一个奇怪的现象——

“最高关注度”，这是吴修铭最先使用的一个术语。吴修铭认为，1956 年 9 月 9 日埃尔维斯・普雷斯利参加《埃德・沙利文秀》时达到了关注的最高值。美国大约 83% 的人调到该频道以见证这一时刻（换句话说，每 10 个美国人中就有 8 人同时做着相同的事情：观看《埃德・沙利文秀》）。

20 世纪 60 年代，美国电视台的一些节目可以吸引高达 6000 万的观众观看，而这一数据是当今广告商梦寐以求的。然而遥控器和商业广播的出现打破了这一梦想。当观众对某一节目感到厌烦时，哪怕只是一瞬间，他们就会立刻换到另一个频道。这种变化导致电视节目的节奏越来越快，观众甚至都没有时间考虑是否要换台。所有的事情都在飞速发展：屏幕剪辑越来越快，镜头越来越多样。如今每次观看一个儿童节目时，我几乎都不敢相信如此庞大的声音和图像信息正在“轰炸”着我的孩子。另一方面，每次我让孩子们观看我小时候所看的电视节目时，他们就会立刻关掉，因为他们认为节奏太慢了。我不得不怀疑人们以前怎么能忍住观看节奏如此缓慢的节目。

许多父母担心孩子们每天面对雪片般大量的图像信息可能会对大脑发育造成消极影响。有关孩子们观看电视的时长及造成的影响的研究似乎已经证实了这些父母的担心。华盛顿大学的科学家们就做过一项类似的研究。他们调查了 1278 名 1 岁孩子的父母和 1345 名 3 岁孩子观看电视的行为。最极端的孩子群体平均每天看 2 个小时的电视。这些孩子在 7 岁时再次测试了过度活跃性，而测试结果表明，小时候看电视的时间长短与几年后所遇到的注意力问题的程度有很强的相关性。

相似的研究也揭示了看电视的时长与阅读障碍之间的联系。你或许已经猜到了这些研究的问题所在：只能证明彼此之间的相关性，而无法推测出儿童的过度活跃是由看电视造成的。也可能轻易推断出过度活跃的儿童往往会花更长的时间看电视，因为他们很难集中注意力做其他的事情。许多研究已经清楚地解释了这一现象，但媒体往往对研究结果断章取义，以揭示过度活跃与看电视之间的随意联系。或许这只是一个有趣的假设，但也仅此而已。

幸运的是，演变是一个非常缓慢的过程，因而我们不会突然遇到一代因为脑结构改变而完全不能在一个重要的时刻集中注意力的儿童。我们大脑的潜力始终如一，但刺激的增加导致环境一直都在改变。注意力最终会变成需要经过训练才能保持集中，如同锻炼肌肉一般。训练越多，越能有效地集中注意力。然而，不管如何刻苦地训练，并非所有人都可以拥有同样的专注力。相比他人而言，有的人拥有更强的能力来集中注意力，所以即使刺激一直增加，也不会产生任何变化。确定已发生改变的只是用来维持注意力所要付出的努力。面对的刺激越多，你越可能执行多重任务。因而若想保持注意力集中，你就需要付出更多努力。完成任务的技巧是，尽可能地集中注意力，同时将所需努力降至最低。

寄 语

最近，大批来自硅谷大型科技公司的前员工迫不及待地分享他们在社会前进道路中的遗憾经历。这些良心发现的高管们，显然是已经在商业中大赚了一笔，现在却带着对自己亲手创造的科技创新成果后悔不已的情感开始回顾过去（这都是装出来的？）。例如，前谷歌员工詹姆斯·威廉姆谈到“这个时代中最具挑战性的危机”时，补充道：“我们一直随身携带智能手机、随处登录社交媒体，这些现代化产品让我们负重前行，而且降低了我们感受快乐和成功的可能性。”这些悲观的商人通常是一些新兴企业背后的驱动力，旨在研发庇护人们免受社交媒体迫害的产品。他们也投入时间参加高额出场费的讲座，谈谈那些即将发生的灾难。

我在本书中努力澄清了大量与注意力有关的虚假说法。不，我们的注意力持续时间不比金鱼的短；不，我们的智商不会因为自己愿意进行多重任务就降低。在要写完本书的这一天，我读到麻省理工学院艾伦·莱特曼教授的一篇采访稿，莱特曼教授在文章中指出，我们的创造力自 20 世纪 90 年代起就出现了大幅度的下降，因为我们一直都太忙碌了。这些非常令人担忧的故事所引起的伤害甚至可与吸烟的危害相提并论。

谈到我们所处社会的重要问题，通常会碰到类似的且能够引起恐慌的言论——千篇一律，真是让人羞愧。毫无证据就随意地描绘未来社会的悲惨情景。例如，并没有证据表明谷歌正在使我们变得更加愚钝，或智能手机的出现抑制了我们的创造力。创造力是一件非常复杂的事情，并不能仅靠一个测试就简单地衡量其水平高低，更不用说我们可以通过无数种方式变得更具创造性，而且如今这些方法也变得越来越多。创造力可以通过独创的电脑编码、一件现代化的艺术品或一种新型的数字产品等形式展现出来。了解到这些，我们可以得出结论——测试创造力的标准方法（托兰斯创造性思维测试）彻底过时了。每天都会有重要的科技新发现，而且并没有迹象表明大脑正在失去集中注意力和创新的能力。然而，我们的确需要意识到科技进步意味着我们没有完全发挥出人类的潜能，甚至会陷入危险境地，就像第 5 章所讲的。幸运的是，最近几年我们掌握了许多有关注意力的科学知识，工作时也掌握了高效、创新的方法来集中注意力，例如我们现在更加清楚地认识到中途休息、注意力训练、冥想以及在适宜的时间转换任务的积极作用（尤其是在自然环境中）。而且我们也知道处理多重任务及环境中的潜在干扰对注意力会产生负面影响。

无论你选择何种工具，都无法自动提高你集中注意力的能力，因为这些能力也受到很多其他因素的影响。潜能和集中注意力的时长存在个体差异，而这些差异的部分原因在于需处理任务的性质，但注意力的最佳持续时间取决于诸如健康水平和疲劳程度等因素。那些为提高注意力而提供定期训练项目的自助读本并没有什么用，这就是原因。注意力可以测量，但需要每个个体去发现最适合自己的方法。

我们自己要为提高专注力采取行动，我们的政府也可以采取一些措施。公共道路上禁止投放 LED 广告（尤其是动画类型的广告）可以提高道路安全，而禁止在通勤时使用手机也可以提高道路安全。学校仍应该保持校园内无广告，且应该就教室内如何使用手机达成共识。除此之外，学校也应该传授有关注意力重要性的知识。了解注意力如何运行以及社交媒体吸引我们注意力的方式，都有助于我们掌控自己的注意力。孩子们应该了解社交媒体为何让人上瘾，智能手机里的提示消息如何分散他们的注意力。对大脑和行为了解越多，我们就越了解人类的行为方式。

意识到注意力对我们的价值至关重要。当然，也许将来某一天我们会抛弃社交媒体，不再过度关注那些没有意义的事物。与此同时，我们终将成为自己注意力的主宰者，我们可以自己决定不再为注意力而困扰。事实上，我们可以轻易地打败产自硅谷的强大机器，关闭手机！

致　谢

我的第一本书出版后，一直有人追问我何时开始创作第二本书。我真的从来没有这种想法，主要是因为我不知道自己想要写些什么。然而，第一本书出版后我参加了许多会谈和会议，通过这些经历我清楚地意识到注意力这个主题比我最初想象的要广泛得多。我有时会与保险经纪人、桥梁管理人员、教师、交通心理学家以及来自公司各个部门的人交流。通过他们我发现注意力在许多人的生活中起着重要的作用，很多人想知道受到强烈干扰时如何保持专注。你所读到的本书中大部分例子都来自这些会谈和会议。在这里，我对这些人以及他们充满智慧的言语和想法表示感激，正是它们构成了本书的框架。

在创作第一本书的过程中我享受到了极大的乐趣，否则绝不会考虑动笔写第二本书。为此，我特别感谢麦文出版社的员工，包括桑德·鲁伊斯、莉迪亚·布斯特拉以及伊芙莱恩·帕布鲁。本书能够付梓，完全归功于艾玛·庞特、玛丽斯卡·海代门、朱丽叶·琼克斯。为确保本书内容准确，艾玛组织了多次头脑风暴，再次感谢。

我特别感谢那些帮助核对特定段落的人：马克·纽文斯坦、谢尔盖·杜穆林、克里斯·帕芬、利昂·凯尼曼斯、海伦·斯莱格特和埃德温·达尔迈耶。他们指出了我原本忽略的错误，但我将对所有仍遗漏的错误负责。

我还要感谢乌得勒支大学注意力实验室的所有人员，感谢他们良好的工作氛围，在过去几年间我们分享了很多令人兴奋的科学发现成果。有人会认为写书和出书极具挑战性，但真正让我在工作中感到兴奋的事情仍然是我们所进行的各